AF346602

COURS PRATIQUE

D'ARPENTAGE

A L'USAGE

DES INSTITUTEURS PRIMAIRES.

PARIS. — IMPRIMERIE DE MALLET-BACHELIER,
rue de Seine-Saint-Germain, 10, près l'Institut.

COURS PRATIQUE

D'ARPENTAGE

A L'USAGE

DES INSTITUTEURS PRIMAIRES,

COMPRENANT LA DIVISION ET LE BORNAGE DES TERRAINS,
SUIVI D'UN EXTRAIT DU CODE SUR LE BORNAGE, DE L'EXPOSITION
DES ANCIENNES MESURES AGRAIRES
ET DE LEUR CONVERSION EN MESURES NOUVELLES.

NOUVELLE MÉTHODE D'ARPENTAGE

AVEC L'EMPLOI DE LA CHAINE MÉTRIQUE ET DE L'ÉQUERRE D'ARPENTEUR
SEULEMENT,

A l'usage des Instituteurs, des Élèves des Écoles primaires,
des Propriétaires et des Cultivateurs,

Par J. REGNAULT,

Bachelier ès Sciences Mathématiques, Directeur des Annales des Conducteurs
des Ponts et Chaussées et des Annales des Chemins vicinaux.

PARIS,

MALLET-BACHELIER, IMPRIMEUR-LIBRAIRE

DU BUREAU DES LONGITUDES, DE L'ÉCOLE IMPÉRIALE POLYTECHNIQUE,
Quai des Grands-Augustins, 55.

1861

AVERTISSEMENT.

L'Arpentage est une science essentiellement pratique. Les démonstrations qui résultent de la théorie doivent être bannies de son enseignement.

Aussi de tous les livres qui ont paru jusqu'à ce jour sur cet objet, aucun n'a pu venir en aide au praticien.

Certains auteurs ont donné le titre de *Cours d'Arpentage* à des extraits de Géométrie élémentaire et d'Arithmétique; ils ont cru qu'arpenter voulait dire seulement *mesurer les surfaces des figures rectilignes.*

D'autres, abordant quelques-unes de ces difficultés que l'on rencontre parfois sur le terrain, ont cherché leur solution dans des calculs trigonométriques ou dans des démonstrations d'un ordre trop élevé.

Enfin il en est qui ont pensé que le Cours d'Arpentage consistait dans un cours de lever de plan, de nivellement, et, partant de cette erreur, ils ont donné la description des instruments les plus compliqués et les plus chers, et ils en ont enseigné l'emploi en laissant de côté les opérations qui constituent un véritable Cours d'Arpentage.

C'est donc une véritable lacune que nous avons la prétention de remplir en publiant notre livre. Il contient l'art de lever un plan avec la chaîne métrique seulement; il décrit l'emploi de l'équerre d'arpenteur dans quelques cas exceptionnels, de sorte que l'équerre d'arpenteur et la chaîne métrique *sont les deux seuls instruments indispensables à un arpenteur.*

1.

Néanmoins, avec la description du graphomètre et de la planchette, nous avons fait connaître l'art de lever un plan avec ces instruments, afin de ne rien laisser ignorer dans notre Cours.

Une des branches les plus essentielles de l'Arpentage est sans contredit la Division des Terrains. Un arpenteur est d'autant plus habile qu'il sait mieux diviser un terrain entre les héritiers, en réservant à chacun d'eux la jouissance soit d'un puits, soit d'un chemin d'exploitation ou de toute autre servitude qui tend à donner de la valeur à son héritage.

C'est ainsi que, s'il s'agit de la division d'un terrain susceptible d'être bâti, l'arpenteur doit opérer la division autant que possible par des lignes qui font des angles droits avec celle qui sert de façade.

Enfin le Bornage est une opération capitale; il est de la plus grande importance que les arpenteurs y apportent tous leurs soins, afin d'éviter ces nombreux procès entre voisins, qui souvent sont la ruine d'une famille.

Nous avons traité ces diverses questions d'une manière pratique, tout à fait élémentaire et avec beaucoup de développements; elles sont à la portée non-seulement des instituteurs, qui sont chargés de les enseigner, mais elles sont même à la portée des cultivateurs, qui sont les premiers intéressés à en faire l'application.

J. REGNAULT.

TABLE DES MATIÈRES.

COURS PRATIQUE
D'ARPENTAGE

A L'USAGE

DES INSTITUTEURS PRIMAIRES.

Exposé et but de l'Arpentage.

1. L'Arpentage a pour but de mesurer une étendue de terre en ongueur et en largeur et déterminée par des lignes.

2. Cette opération se pratique sur le terrain : 1° avec une équerre d'arpenteur; 2° avec une règle ou une chaîne métrique; 3° avec un fil à plomb; 4° avec plusieurs jalons.

On emploie souvent aussi : 1° le graphomètre, instrument qui sert à relever les angles sur le terrain; 2° le rapporteur, instrument dont on se sert pour figurer sur le papier les angles relevés sur le terrain.

On se sert encore d'une planchette, qui est un instrument commode pour lever le plan d'un terrain sur le terrain même.

On peut encore arpenter un terrain avec seulement une chaîne, ou une stadia, des piquets, un fil à plomb et quelques jalons.

3. Ces instruments ne concernent que l'arpentage pratique; il y en a d'autres pour le travail du cabinet, tels que le compas, la règle, des équerres en bois, l'échelle de proportion, etc. Avec ces derniers, on peut reproduire sur le papier un plan conforme à tout terrain. Nous décrirons plus loin ces instruments et leurs usages.

Des lignes et des surfaces.

4. Une ligne est une étendue en longueur sans largeur; les extrémités s'appellent *points*. La ligne droite est le plus court chemin d'un point à un autre; par conséquent elle mesure la distance

d'un point à un autre. Les arêtes d'une règle bien faite sont des lignes droites.

5. Une ligne composée de plusieurs lignes droites est une ligne brisée.

6. Une ligne qui n'est ni droite ni composée de lignes droites est une ligne courbe.

7. Une surface est une étendue à deux dimensions, longueur et largeur.

8. La superficie d'une surface est ce qu'elle contient comparativement à une autre surface.

9. Le plan est une surface unie sur laquelle on peut appliquer une ligne droite dans tous les sens.

10. Une surface qui n'est ni plane ni composée de surfaces planes est une surface courbe.

11. Lorsque deux lignes droites se rencontrent, la quantité plus ou moins grande dont elles sont écartées l'une de l'autre s'appelle angle ; le point de rencontre est le sommet de l'angle ; les lignes qui se coupent en sont les côtés.

12. Lorsqu'une ligne droite en rencontre une autre et qu'elle fait avec celle-ci deux angles adjacents égaux, ACD = DCB, ces

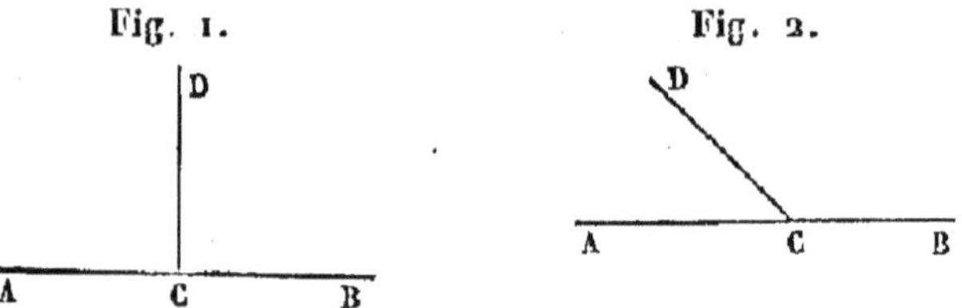

angles sont droits (*fig.* 1). Si les angles adjacents sont inégaux, le plus petit sera un angle aigu, et le plus grand sera un angle obtus. ACD (*fig.* 2) est aigu, DCB est un angle obtus.

13. Lorsque deux lignes qui se coupent font deux angles adjacents égaux, c'est-à-dire deux angles droits, la ligne qui va de haut en bas est dite perpendiculaire; et l'autre ligne est horizontale. DC (*fig.* 1) est une perpendiculaire, AB est une horizontale.

14. Une ligne droite est oblique à l'égard d'une autre, quand elle fait avec cette autre deux angles inégaux. DC (*fig.* 2) est une oblique sur AB.

15. Deux lignes sont parallèles lorsque, étant situées dans un

même plan elles ne peuvent se rencontrer quelque loin qu'on les prolonge.

AB est parallèle à CD, si l'on suppose que prolongées à l'infini ces deux lignes ne se rencontreront jamais.

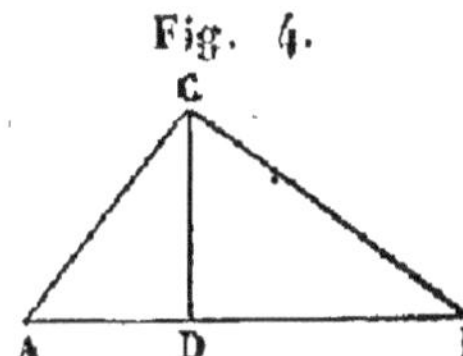

Fig. 3.

Des figures ou polygones rectilignes.

16. Une figure est une surface plane terminée de toutes parts par des lignes.

17. Une figure rectiligne ou polygone est une figure plane terminée par des lignes droites. Les noms des figures dépendent du nombre de leurs côtés: ainsi l'on appellera triangle un polygone de trois côtés; quadrilatère celui de quatre côtés; pentagone celui de cinq côtés; hexagone celui de six côtés, etc.

18. La base d'un triangle est celui des trois côtés sur lequel on abaisse une perpendiculaire du sommet; le sommet est l'angle opposé à la base, et la hauteur est la perpendiculaire abaissée du sommet sur la base. Ainsi C est le sommet du triangle, AB en est la base et CD en est la hauteur.

Fig. 4.

19. Lorsque les trois côtés d'un triangle sont égaux, il est équilatéral; lorsque deux côtés seulement sont égaux, il est isocèle; et enfin lorsque les trois côtés sont inégaux, il est scalène. Si un triangle contient un angle droit, on l'appelle triangle rectangle; le côté AC opposé à l'angle droit s'appelle l'hypoténuse.

Fig. 5.

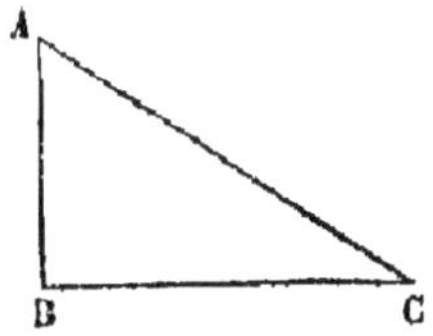

20. Un polygone de quatre côtés est un quadrilatère; si les côtés opposés de ce quadrilatère sont parallèles, la figure est un parallélogramme. ABCD est un parallélogramme si AB est parallèle à CD et si AC est parallèle à BD.

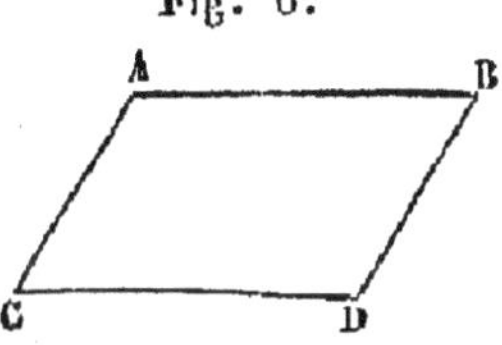

Fig. 6.

Si, en même temps que les côtés sont parallèles, les angles étaient égaux, la figure serait un rectangle. Ainsi ABCD (*fig.* 7) est un rectangle.

Quand les quatre angles et les quatre côtés sont égaux la figure

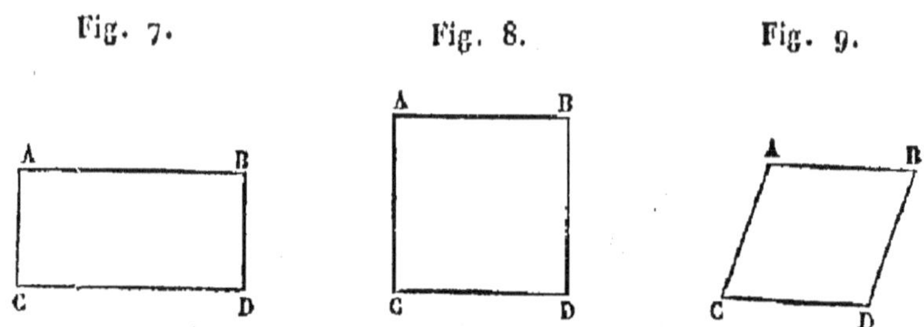

Fig. 7.   Fig. 8.   Fig. 9.

est un carré (*fig.* 8). Elle serait un losange si, les quatre côtés étant égaux, les quatre angles ne l'étaient pas, comme dans la *fig.* 9.

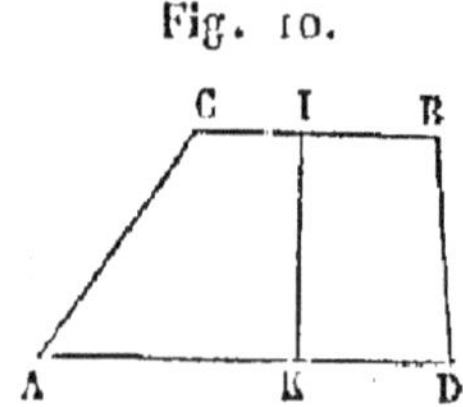

Fig. 10.

Enfin quand deux côtés sont parallèles et que les deux autres ne le sont pas, la figure est un trapèze. Les deux côtés parallèles sont les deux bases du trapèze, et la perpendiculaire IK sur ces deux bases est la hauteur du trapèze.

21. Un polygone est régulier lorsque tous les côtés et tous les angles sont égaux; ainsi ABCFED est un polygone régulier.

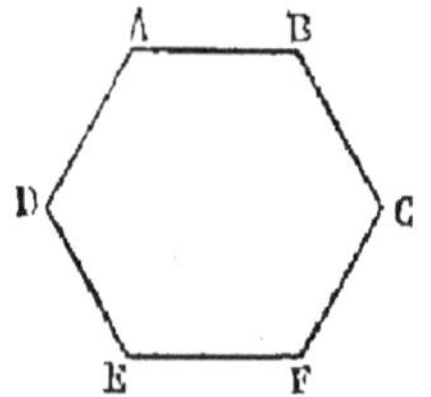

Fig. 11.

Le polygone est irrégulier lorsque les côtés ou les angles sont inégaux.

Du cercle et de ses parties.

22. Le cercle est une portion de surface plane terminée de toutes parts par une ligne courbe qu'on appelle circonférence; la circonférence d'un cercle est une ligne courbe dont tous les points

sont à égale dista ce d'un point intérieur qu'on appelle *centre*; e rayon est une ligne droite menée du centre à la circonférence. La ligne qui passe par le centre et qui est terminée de part et d'autre par la circonférence, s'appelle *diamètre* (*fig.* 12). On appelle *arc* une portion de la circonférence telle que AC (*fig.* 12); la ligne AC qui joint les extrémités de l'arc est une corde.

La surface ou portion de cercle comprise entre l'arc et la corde est un segment. La portion du cercle comprise entre les rayons AO et OC est un secteur.

Construction d'une ligne droite, d'une perpendiculaire, d'une parallèle et des figures rectilignes.

23. *Tracer sur le terrain une ligne verticale.* — On emploie le jalon. Pour le planter verticalement, on vise sur ce jalon avec le fil à plomb ; il faut que, dans deux positions successives, l'observateur trouve le jalon et le fil à plomb dans le même plan, c'est-à-dire qu'ils soient cachés l'un par l'autre.

24. *Par deux points donnés, tracer une droite sur le papier.* — On applique la règle contre ces deux points, et l'on fait glisser le long de cette règle un crayon ou un tire-ligne, et l'on trace ainsi la ligne demandée.

25. *Par deux points donnés, tracer une droite sur le terrain.* — On plante un piquet à chacun des points donnés, et l'on tend un cordeau entre ces piquets. Si la ligne doit avoir une grande étendue, on la trace par alignement ainsi qu'il suit :

On place verticalement un jalon à chacune des extrémités de la droite, on en place ensuite d'autres entre eux, de manière que chaque jalon intermédiaire masque le jalon extrême opposé à celui où l'on a visé ; et la ligne des jalons est la ligne demandée. On peut ensuite, si l'on veut, faire une rigole pour remplacer les jalons.

26. *Par un point donné sur une droite, mener une perpendiculaire à cette droite.* — Soient BC la droite et A le point donnés (*fig.* 13). On mesure à partir du point A deux distances égales AB et AC, et de chacun des points B et C comme centres on décrit avec un compas des arcs de cercle qui se coupent en un point *o*; et la droite AD est la perpendiculaire demandée.

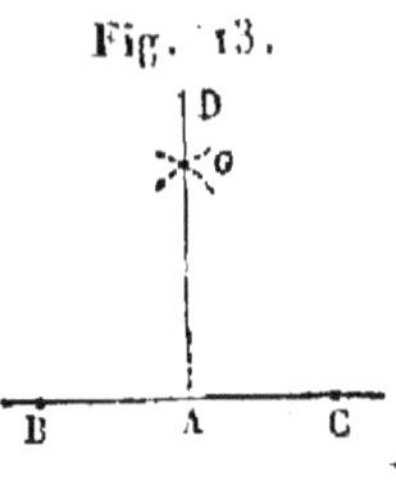

Fig. 13.

On peut encore résoudre le même problème en employant la règle et l'équerre. On applique la règle suivant la ligne BC et l'on fait courir un des côtés de l'angle droit de l'équerre le long de la règle jusqu'à ce qu'il passe par le point A. Le second côté de l'angle droit est la perpendiculaire demandée.

On peut résoudre le même problème sur le terrain, en remplaçant le compas par des cordeaux ou par une règle qui fait alors fonction de rayon.

27. *Mener une perpendiculaire sur le milieu d'une droite.* — Soit AB la droite sur le milieu de laquelle on veut élever une per-

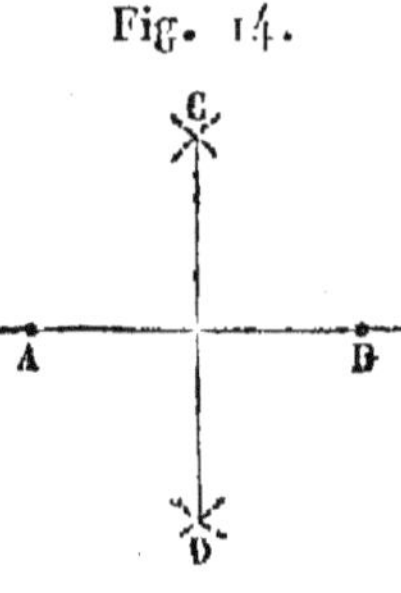

Fig. 14.

pendiculaire. Du point A comme centre, et avec un rayon plus grand que la moitié de AB, on décrit un arc de cercle au-dessus et au-dessous de AB ; du point B comme centre, et avec le même rayon que le précédent, on décrit de même un arc de cercle au-dessus et au-dessous de AB; ces arcs se coupent en C et en D, et la ligne CD est la perpendiculaire demandée.

Si l'on proposait de partager la ligne AB en deux parties égales, il faudrait faire la même construction que ci-dessus.

S'il s'agissait de résoudre ce problème sur le terrain, on pourrait employer des cordes égales ou des règles pour décrire les arcs de cercle.

28. *D'un point pris hors d'une droite, abaisser une perpendiculaire sur cette droite.* — Soit BC la droite

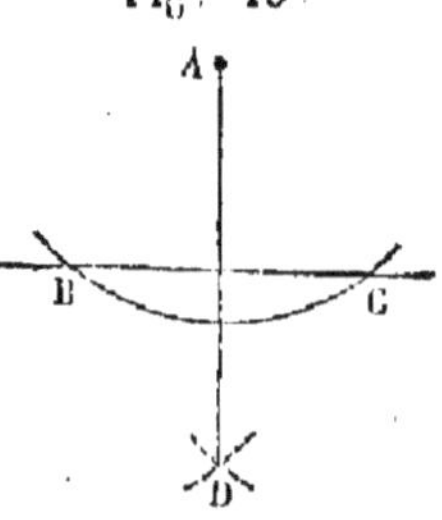

Fig. 15.

sur laquelle il faut abaisser une perpendiculaire du point A. Du point A comme centre, et avec un rayon suffisamment grand, on décrit un arc de cercle qui coupe la ligne BC en deux points B et C. De ces deux points comme centres, et avec un rayon plus grand que la moitié de BC, on décrit deux arcs de cercle

qui se coupent en D, et la ligne AD est la perpendiculaire demandée.

29. *Élever une perpendiculaire à l'extrémité d'une droite.* — On pose à discrétion le point O au-dessus de la ligne AB. De ce point O, et avec un rayon égal à la distance OA, on décrit une portion de circonférence qui passe au point A et qui coupe la ligne AB au point C. On joint CO qu'on prolonge jusqu'à la circonférence au point D, et la ligne DA est la perpendiculaire demandée.

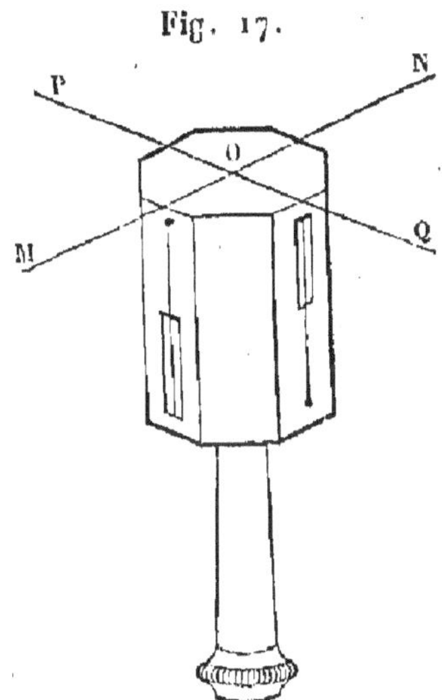

Fig. 16.

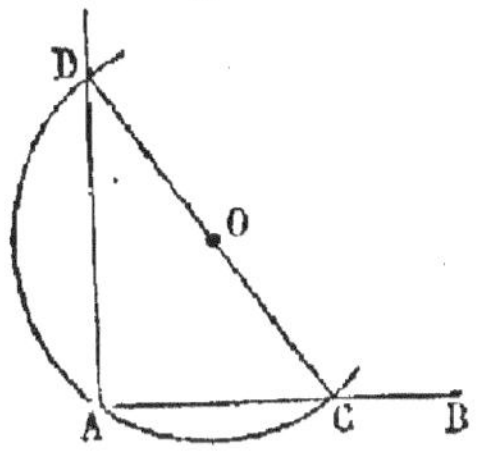

On pourrait encore résoudre le même problème avec une règle et une équerre, comme au n° 26.

30. *Élever avec l'équerre d'arpenteur plusieurs perpendiculaires passant par divers points pris sur une droite donnée.* — L'équerre d'arpenteur est un prisme creux en cuivre qui a huit faces latérales égales. Ce prisme est traversé par quatre fentes pratiquées suivant les directions MN et PQ disposées à angle droit et de manière à ce qu'on puisse, en regardant à travers l'une de ces fentes, voir par la fente opposée une ligne droite sur laquelle on fait planter des jalons. L'équerre est supportée par un bâton d'environ un mètre de hauteur, et ferré par le bout qui entre en terre. Ce bâton est arrondi par l'autre bout et entre à frottement dans une douille qui fait partie de l'équerre.

Fig. 17.

Pour élever une perpendiculaire avec cet instrument, il faut le planter dans l'alignement de la droite AB sur laquelle on veut élever une perpendiculaire; on tourne l'instrument de façon que par les pinnules M et N on aperçoive les points A et B; puis l'on fait poser des jalons dans la direction des pinnules P et Q, et la ligne PQ est la perpendiculaire demandée.

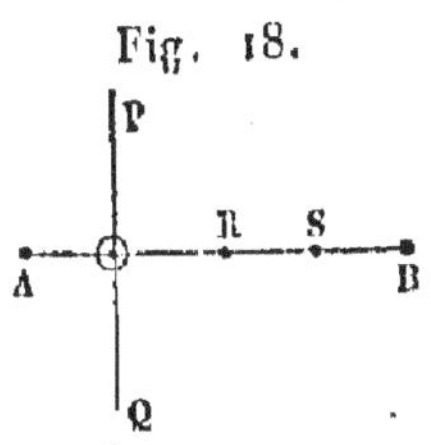

Fig. 18.

On opérerait de la même manière pour élever des perpendiculaires aux points R et S.

31. *Par un point donné hors d'une droite, mener une parallèle à cette droite.* — Du point A comme centre et d'un rayon à volonté

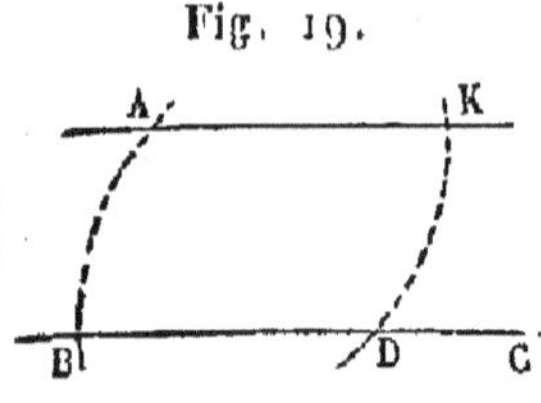
Fig. 19.

on décrit un arc de cercle qui coupe BC au point D. De ce point D comme centre et avec le même rayon on décrit un arc de cercle qui passe par le point A. On prend sur l'arc DK une distance égale à BA, et la ligne AK est la parallèle demandée.

Dans la pratique on se sert d'un instrument très commode pour mener des parallèles; il est composé de deux règles qui s'écartent parallèlement l'une de l'autre et qui donnent un moyen aussi prompt que facile de mener autant de parallèles que l'on veut.

32. *Faire un angle égal à un angle donné.* — Soit l'angle donné A.

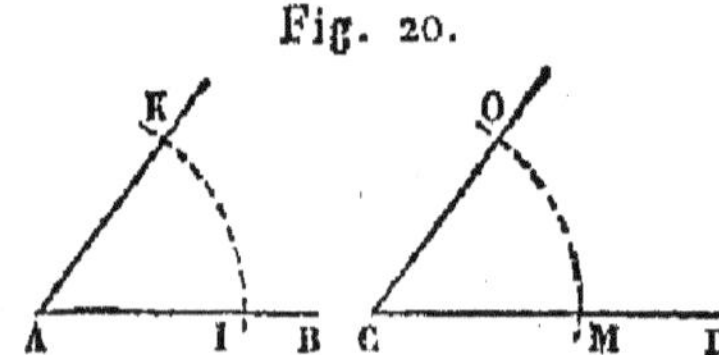
Fig. 20.

Du sommet A et avec un rayon quelconque on décrit un arc de cercle. Du point C pris sur CD où l'on veut faire l'angle, on décrit un arc de cercle avec le même rayon; on porte sur ce second arc une distance OM égale à KI et l'on joint OC; l'angle OCM est l'angle demandé.

33. *Faire un angle égal a un angle donné au moyen du rapporteur.* — Le rapporteur est un demi-cercle ordinairement en cuivre ou en corne, sur le bord ou le limbe duquel sont marqués les degrés et quelquefois les demi-degrés de la circonférence. On sait que la circonférence est divisée en 360 degrés et qu'un degré vaut 60 minutes; le rapporteur contient donc 180 degrés qui comportent deux angles droits, c'est-à-dire qu'un angle droit comprend 90 degrés entre ses côtés.

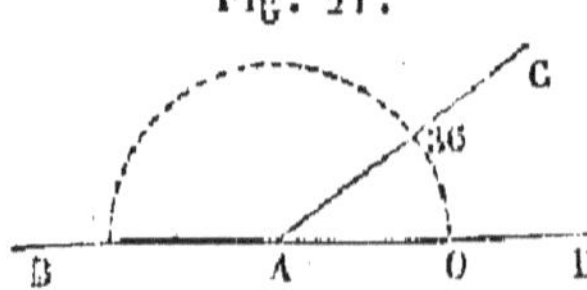
Fig. 21.

Soit donc A le point pris sur la ligne BD où il faut construire un angle de 36 degrés par exemple. On prolongera, s'il le faut, indéfiniment la droite BD; on placera le diamètre du rapporteur sur BD, de manière que le point A soit au centre de l'instrument; vis-à-vis la division qui répond à 36 degrés, on marquera un point C, puis menant indéfiniment AC, on aura l'angle demandé CAD.

34. *Connaissant les trois côtés d'un triangle, construire le triangle.* — On trace un des côtés sur le terrain au moyen de deux piquets placés aux points A et B. On fixe en A l'extrémité d'une corde prise égale au second côté, et en B l'extrémité d'une seconde corde prise égale au troisième côté; on joint les deux bouts de ces cordes en s'écartant de AB jusqu'à ce que toutes deux soient tendues. Au point de réunion de

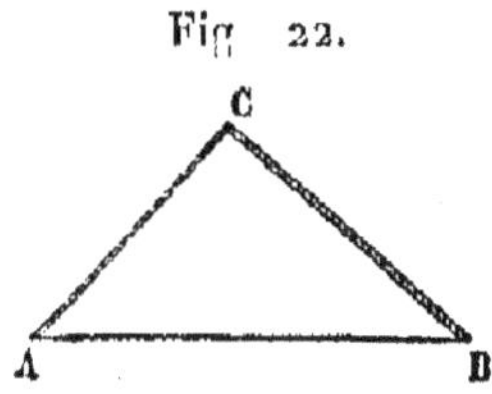

Fig. 22.

ces cordes on plante un piquet, et l'on a ainsi le triangle demandé.

Si le triangle doit être équilatéral, on prend chaque corde égale au côté donné.

S'il s'agissait de résoudre ce problème sur le papier, on remplacerait les cordes par un compas : ainsi, après avoir tiré une droite AB égale au premier côté, on prend une ouverture de compas égale au second côté, et du point A comme centre on décrit un petit arc de cercle, puis on prend une seconde ouverture de compas égale au troisième côté donné, et du point B comme centre on décrit un second petit arc qui coupe le premier en D, et en joignant AC et CB on aura le triangle demandé.

35. *Connaissant deux côtés d'un triangle et l'angle qu'ils comprennent, construire le triangle.* — On plantera deux piquets pour tracer un des deux côtés donnés. On fera au point A un angle égal à l'angle donné (*voir* 32 et 33). On prendra sur la ligne AD une distance AI égale au second côté donné; on plantera un piquet au point I, et en joignant IB on aura le triangle demandé.

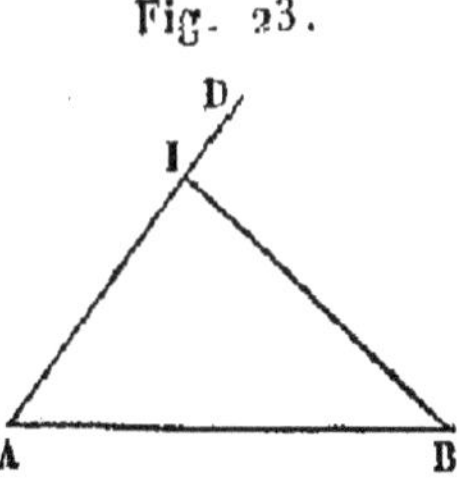

Fig. 23.

36. *Un côté d'un triangle étant donné, et les deux angles qui doivent lui être adjacents étant connus, construire le triangle.* — On déterminera côté AB par deux piquets; puis on formera en A et en B des alignements AC et BC de manière à avoir les angles A et B égaux aux angles donnés et l'on plan-

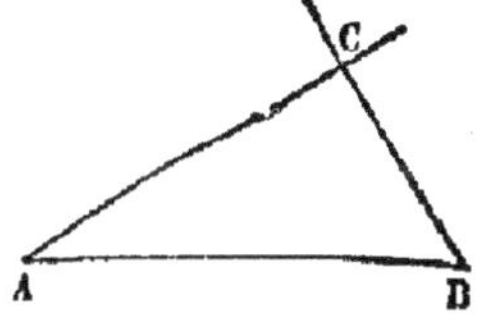

Fig. 24.

tera un troisième piquet au point de rencontre de ces deux alignements, et le triangle ABC sera le triangle demandé.

37. *Tracer un carré dont le côté est connu.* — On trace le côté donné au moyen de deux piquets; puis par une des méthodes données (26) on mène des perpendiculaires AD, BC, on mesure des longueurs égales à AB, et l'on plante des piquets aux points D et C, et la figure ABCD est le carré demandé.

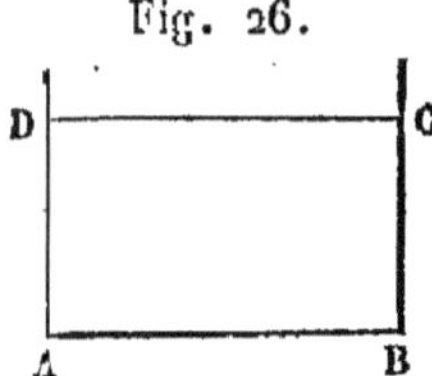

Fig. 25.

38. *Tracer un rectangle dont on connaît les deux côtés adjacents.* — Après avoir tracé le plus grand côté AB en plantant des piquets aux points A et B, on formera en ces points des alignements perpendiculaires au côté AB; on prendra sur ces perpendiculaires des longueurs AD et BC égales chacune au second côté donné, on tracera DC et on aura le rectangle ABCD demandé.

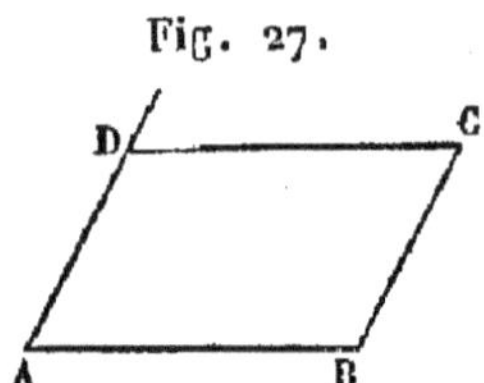

Fig. 26.

39. *Tracer un parallélogramme dont on connaît les deux côtés adjacents et l'angle compris.* — On déterminera le côté AB donné en plantant des piquets aux points A et B. Au point A on construira un angle égal à l'angle donné (32 et 33), et sur l'alignement AD on prendra une distance égale au second côté donné; par le point D on mènera une parallèle à AB (31) et par le point B une parallèle à AD; le point d'intersection de ces deux alignements sera le quatrième sommet du parallélogramme demandé.

Fig. 27.

40. *Tracer un hexagone régulier dont on connaît le côté.* — On détermine le côté donné en plantant deux piquets. On construit un triangle équilatéral ABO (34) sur le côté piqueté. On construit ensuite sur les côtés AO, BO de nouveaux triangles équilatéraux, puis sur FO et OC les triangles FOE, DOC; puis on joint le point E au point D par une droite ED, qui devra être égale à EO si la construction est bien faite.

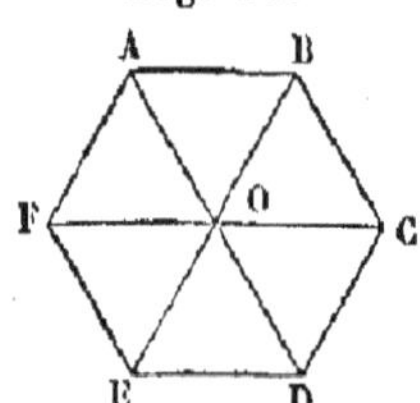

Fig. 28.

Mesure des lignes droites.

Mesurer une grandeur, c'est chercher combien de fois elle contient une autre grandeur de même espèce qu'elle.

Les instruments dont on se sert pour mesurer une ligne droite sont : le mètre, le double mètre, la chaîne métrique ou la stadia.

Pour mesurer une ligne droite avec le mètre ou avec le double mètre, on place la mesure le long de la ligne à mesurer autant de fois que cela est possible. Si le mètre ou le double mètre est compris un nombre exact de fois sur la ligne à mesurer, on compte ce nombre de fois et l'on a la longueur de la ligne. Mais si l'extrémité de la ligne à mesurer tombe entre deux divisions du mètre, on ajoute au nombre de mètres déjà trouvés celui des décimètres ou centimètres marqués sur le mètre pour compléter la ligne que l'on veut évaluer.

41. *Chaîne métrique.* — La chaîne métrique est formée de petites baguettes de fer de 2 décimètres de long, attachées les unes aux autres par de petits anneaux. Cette chaîne a ordinairement 10 mètres de long et est garnie de deux poignées à ses extrémités.

Pour avoir au moyen de la chaîne la longueur d'une ligne droite, il faut, pour porter la chaîne, deux individus qui marchent l'un après l'autre dans la direction de la ligne que l'on mesure. L'arpenteur est celui qui marche derrière. Son aide ou le porte-chaîne qui marche en avant, porte dix fiches ; il en plante une à l'extrémité de la chaîne convenablement tendue. Après cela, l'arpenteur et son aide se remettent en marche, jusqu'à ce que l'arpenteur rencontre la première fiche ; alors le porte-chaîne plante une nouvelle fiche à l'extrémité de la chaîne et l'arpenteur enlève celle qu'il vient de rencontrer, et ainsi de suite.

Les fiches sont en fer et doivent avoir une longueur d'environ 25 centimètres. L'aide doit toujours avoir soin de les planter le plus verticalement qu'il lui est possible.

Lorsqu'on veut mesurer un terrain qui va en montant, le porte-chaîne fait toucher à terre l'extrémité de la chaîne, tandis que l'arpenteur derrière appuie l'autre extrémité contre la partie supérieure d'un jalon d'une grandeur convenable, pour que la chaîne se trouve sensiblement horizontale.

Si l'on mesure en descendant, l'arpenteur fait toucher à terre l'extrémité de la chaîne qu'il a dans la main, tandis que l'aide tient l'autre extrémité à une hauteur convenable pour que la chaîne soit encore dans une position horizontale. Alors, pour planter sa fiche, le porte-chaîne la laisse tomber verticalement de l'extrémité qu'il a dans la main.

Quand le terrain est très-incliné, il n'est pas toujours possible de maintenir la chaîne dans une position horizontale ; on peut alors, pour plus de commodité, se servir de la moitié ou d'une portion quelconque de la chaîne, comme on se servirait de la chaîne entière.

42. *La stadia.* — La mesure d'une distance, qui paraît être une opération si simple au premier abord, exige les soins les plus grands, lorsqu'il s'agit d'arriver à un résultat très-exact.

On emploie quelquefois pour la mesure des distances un instrument plus portatif que la chaîne et qu'on nomme *stadia*.

La stadia est une lunette ordinaire dans laquelle le réticule porte deux fils horizontaux fixes.

La construction de cet instrument est fondée sur ce principe que plusieurs objets de grandeurs différentes étant embrassés par le même angle visuel, les distances qui les séparent de l'observateur sont proportionnelles à leurs dimensions respectives. Si donc on forme un angle fixe dans une lunette au moyen de deux fils horizontaux placés au même endroit dans un plan perpendiculaire à l'axe de la lunette, cet angle embrasse une plus ou moins grande longueur d'une règle ou mire verticale, suivant que la distance de cette mire au sommet de l'angle sera plus ou moins considérable.

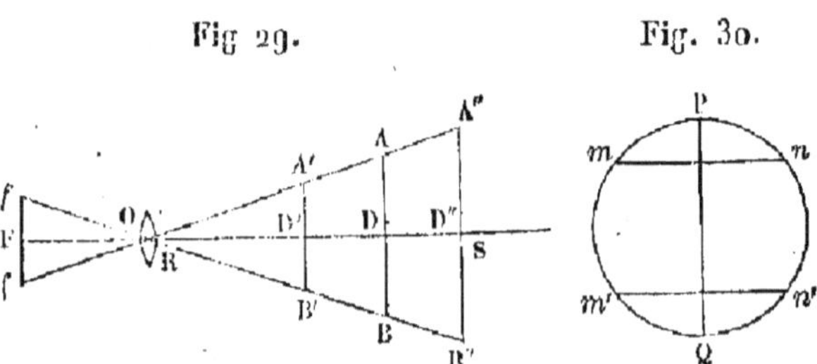

Fig 29.   Fig. 30.

Si donc la mire est graduée convenablement et marquée de divisions que le grossissement de la lunette permette d'apercevoir à la distance que l'on veut mesurer, rien ne sera plus simple que l'usage de la stadia. Chaque opérateur peut graduer la mire de la manière suivante : On mesure exactement sur le terrain une longueur de 100 à 200 mètres, et l'on place la lunette à l'une des extrémités de cette ligne ; la règle destinée à former la mire est fixée verticalement à l'autre extrémité. Dans cette position, on marque exactement sur la règle la longueur AB interceptée par les fils horizontaux *mn*, *m'n'* (*fig.* 30) ; on divise cette longueur en autant de parties égales qu'il y a d'unités dans la distance de la lunette à la mire, et l'on trace des divisions égales dans toute la longueur de cette dernière. Pour connaître la distance qui sépare la lunette de la mire, il suffit de compter le nombre des divisions visibles entre les prolongements des côtés de l'angle de la lunette, et le nombre de ces divisions donnera immédiatement en mètres la distance cherchée.

Soit proposé de mesurer la distance RS dont les extrémités R et S soient accessibles, mais on suppose qu'il existe entre ces points un obstacle, tel qu'un étang ou une rivière qu'on ne peut traverser. On suppose en outre que la mire AB de l'instrument a été graduée pour une distance de 100 mètres, de sorte que chaque division de la mire représente 1 mètre de distance.

On place la stadia au point R ; on dirige la lunette vers le point S, où l'on a fixé la mire, et l'on compte le nombre des divisions interceptées par les rayons visuels qui passent par les fils horizontaux *mn*, *m'n'* de l'instrument. On trouve 153 divisions par exemple, et l'on conclut que la distance RS a 153 mètres de longueur.

Mesure des lignes courbes.

43. Pour mesurer une courbe quelconque, on emploie le mètre, le décimètre ou le centimètre selon le développement de la courbe, en observant que l'on doit employer une subdivision du mètre d'autant plus petite que la courbe est plus prononcée, parce qu'alors la subdivision du mètre, qui est une ligne droite, se rapproche plus de la courbe. Si l'on emploie le décimètre, par exemple, on le porte sur la courbe autant de fois qu'il peut y être contenu, et il suffit de compter *combien de fois*, pour avoir la longueur de la courbe exprimée en décimètres.

44. *Circonférence du cercle.* — On peut mesurer la circonférence d'un cercle comme il vient d'être dit ; mais on peut encore

l'obtenir par le calcul lorsque l'on a mesuré la longueur de son diamètre.

En effet, on sait que la circonférence d'un cercle vaut un peu plus de trois fois son diamètre, c'est-à-dire que si le diamètre a 1 mètre de longueur, la circonférence aura un peu plus de 3 mètres, c'est-à-dire 3^m,1415. Par conséquent ce rapport donne le moyen d'avoir par le calcul la grandeur de toutes les circonférences lorsque l'on connaît leurs diamètres.

Supposons qu'un diamètre soit égal à 2^m,25 ; on obtiendra la grandeur de la circonférence en multipliant 2^m,25 par 3,1415 et l'on aura

$$\text{circonférence} = 2,25 \times 3,1415 = 7,068375.$$

Des instruments employés par les arpenteurs.

45. Outre les instruments dont nous avons déjà donné la description (30, 41, 42), les arpenteurs se servent encore pour la pratique de l'arpentage du *graphomètre* et de la *planchette*.

46. *Le graphomètre.* — Le graphomètre est un instrument qui sert pour mesurer les angles ; c'est un demi-cercle divisé en 180 degrés ou en 200 grades. Chaque degré est lui-même divisé en deux parties. La partie circulaire sur laquelle sont tracées les divisions se nomme le limbe. Aux graphomètres ordinaires on adapte, aux extrémités du diamètre fixe, deux pinnules ou petites fenêtres au travers desquelles on regarde les objets. Chaque pinnule, qui doit être exactement perpendiculaire au limbe, est fendue, et le milieu de l'ouverture est traversé dans le sens de la longueur par une soie ou par un crin. Lorsqu'on vise à un objet, on a soin de mettre près de l'œil la fente d'une pinnule par laquelle on regarde si le fil correspondant couvre cet objet.

La règle mobile que l'on nomme *alidade* est assujettie à tourner autour du centre de l'instrument, et est garnie de même de deux pinnules. Pour mesurer les angles avec plus de précision, on a imaginé de tracer des parties plus petites que celles du limbe aux extrémités de cette alidade, et près des pinnules ; c'est à l'aide de ces petites divisions ou de ce vernier, que l'on estime les parties du degré ou du grade. Supposons, par exemple, que le graphomètre soit divisé en 400 parties égales, dont 2 forment le grade, et que 9 de ces parties correspondent à 10 parties du vernier ;

alors chacune de ces dernières embrassera sur ce limbe un arc

de $\dfrac{9,50}{10} = 45$ minutes centésimales.

Si donc la première ligne du vernier, que l'on nomme *ligne de foi*, tombe exactement sur une ligne du limbe, l'angle compris entre le diamètre fixe et le diamètre mobile sera mesuré par le nombre de parties du limbe; si, au contraire, la seconde ligne du vernier coïncide avec un trait du limbe, il faudra au nombre de grades ou demi-grades marqués sur le limbe jusqu'à la ligne de foi ajouter 5', quantité dont 1 partie du limbe excède 1 partie du vernier. En général, on comptera de plus autant de fois 5' qu'il y aura de parties du vernier depuis la ligne de foi jusqu'à la ligne qui correspond à l'une de celles du limbe.

Tout l'instrument porte sur un pied à trois branches, de manière qu'il est facile d'incliner le limbe dans tous les sens.

47. *Mesurer un angle avec le graphomètre.* — Pour mesurer l'angle A (*fig.* 32) sous lequel on voit la distance BC, il faut placer

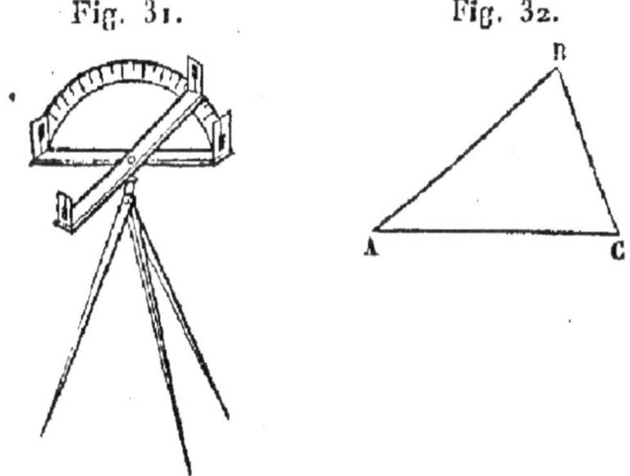

le centre de l'instrument au point A, puis disposer l'alidade fixe de manière que, regardant au travers des pinnules, le fil vertical couvre le point C; enfin diriger l'alidade mobile sur l'objet B : l'arc compris entre les deux alidades sera la mesure de l'angle A.

Cette manière d'opérer suppose que les trois points A, B et C sont à très-peu près dans le même plan horizontal, ou que le cercle porte des pinnules plongeantes; autrement si les points B et C étaient hors de l'horizon de l'observateur, et que les pinnules n'eussent point la propriété dont il s'agit, il faudrait placer le limbe dans le plan même de l'angle à mesurer.

48. *Levers à la planchette.* — La planchette est un des instruments les plus utiles pour figurer de suite le terrain : il est composé d'une table carrée portant sur un genou que soutient un pied à trois branches et ayant la liberté de se mouvoir en tous sens. Ce genou doit être d'une construction telle, que l'on puisse imprimer à la tablette un mouvement de rotation lent et doux, sans toutefois que ce mouvement la dérange de la position horizontale qu'elle doit avoir pendant la durée des observations. Aux deux côtés opposés de la tablette sont ordinairement adaptés deux rouleaux, dont chacun des axes, soutenu par des crapaudines, porte un pignon denté à l'un de ses bouts. Ces rouleaux servent à tendre et à rouler au fur et à mesure le papier sur lequel on trace les opérations. On donne la position horizontale à la planchette, au moyen d'un niveau à bulle d'air; mais avec un peu d'habitude l'œil supplée à cet instrument.

Fig. 33.

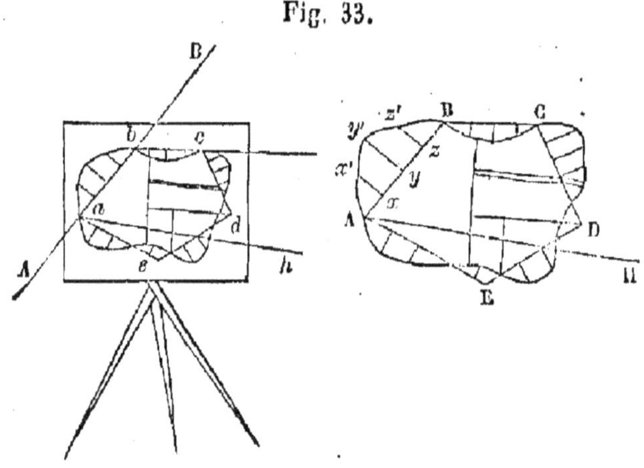

49. L'alidade est un instrument indispensable pour les levers à la planchette. C'est une règle en bois ou en cuivre (*fig.* 34) qui est garnie de deux pinnules à ses extrémités. Chaque pinnule, qui doit être exactement perpendi-

Fig. 34.

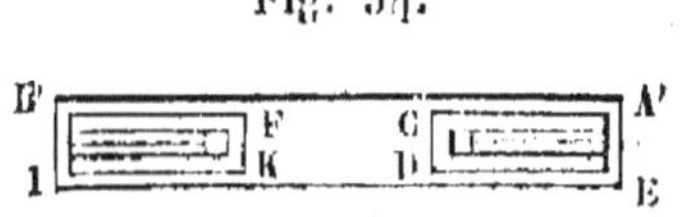

culaire au plan de la règle, est fendue, et le milieu de l'ouverture est traversé dans le sens de la longueur par une soie ou par un crin.

. 50. Supposons que l'on veuille lever le polygone ABCDE tracé sur le terrain. On suppose que les points A et H, extrémités d'une droite tracée et piquetée sur le terrain, soient représentés sur la planchette par les points a, h.

On placera la planchette horizontalement au point A et de manière que le point a lui corresponde le plus exactement possible, ce que l'on peut vérifier avec le fil à plomb; on y parviendra aisément surtout si cet instrument est doué d'un mouvement lent de translation. Après cette disposition, on pose l'alidade (*fig.* 34) sur la planchette, en faisant coïncider la ligne de collimation A'B' avec la droite ah tracée sur le papier, et l'on fait tourner la planchette sur son pivot jusqu'à ce que l'axe déterminé par les crins tendus dans les deux fentes des deux pinnules de l'alidade soit dans la direction de la base AH; alors la planchette est orientée, et ne doit plus être dérangée tant que l'on observe à la même station. On pique ensuite une aiguille verticalement au point a, et, pour relever l'angle BAH, on fait tourner légèrement l'alidade autour de cette aiguille, jusqu'à ce qu'on aperçoive dans la direction des crins le jalon B, ou tout autre, placé dans l'alignement AB. Enfin, on trace au crayon une ligne indéfinie le long de la règle et du côté de l'aiguille, et l'on a sur le papier la ligne ab faisant avec ah l'angle $bah = $ BAH, pourvu cependant qu'après cette seconde opération la ligne ah coïncide avec AH, ce qu'il est important de vérifier.

Avant de quitter la station A, on fera mesurer la distance AB, on prendra sur l'échelle du plan le nombre de mètres trouvés, et l'on portera la longueur obtenue de cette manière de a en b; on fera en outre mesurer les parties de la ligne AB, ainsi que les petites perpendiculaires abaissées des points de la courbe sur cette ligne, et on les rapportera sur le plan, comme on a rapporté la ligne entière AB. Si l'on a bien opéré, il faudra que toutes les distances partielles Ax, xy, yz, etc., soient égales à AB. Lorsque la ligne courbe ou brisée A$x'y'$... B serpente beaucoup, il est nécessaire de multiplier, autant qu'il est possible, les perpendiculaires xx', yy', zz', etc.; et il est commode, dans ce cas, de les rendre équidistantes.

Pour abaisser ces perpendiculaires, on se sert de l'équerre d'arpenteur.

En quittant la station A, on y plantera un jalon, et l'on ira placer la planchette horizontalement au point B, en ayant soin, après avoir ôté le jalon, de faire correspondre le point b du plan au point B du terrain. On orientera derechef l'instrument, ou, ce qui revient au même, on rendra sa nouvelle position parallèle à la première, et, à cet effet, on mettra, comme précédemment, le bord de l'alidade sur la ligne ab; puis on fera tourner la planchette jusqu'à ce que l'axe des pinnules passe par le jalon A. Dans cet état, la planchette sera orientée. Ensuite, pour relever l'angle ABC, on fera tourner l'alidade autour de l'aiguille plantée en b; et lorsque le rayon visuel passera par le jalon C, on aura sur le plan la direction bc correspondante à BC, par conséquent abc sera égal à ABC.

Il est de la plus grande importance de vérifier les opérations à chaque station; ainsi, sans déranger la planchette, on mettra le bord de l'alidade sur la ligne bh; et si l'on ne s'est pas trompé sur la mesure de AB, ou en orientant l'instrument, il faudra que l'axe des pinnules passe en même temps par le point H du terrain. Dans le cas où ce point serait invisible, on dirigerait des rayons visuels sur d'autres points connus et déjà représentés sur le plan.

On continuera de la même manière pour lever le reste du contour de la figure ABCDE, et ce sera une dernière preuve de la justesse de toute l'opération, si, après avoir orienté la planchette en E, le rayon visuel cb coïncide exactement avec l'alignement EB.

51. *Échelle de proportion.* — Nous avons dit, dans le numéro qui précède, qu'après avoir mesuré sur le terrain les côtés d'un angle, on rapportait ces distances sur le papier au moyen d'une échelle de proportion.

On nomme échelle un instrument à l'aide duquel on représente en petit et dans leurs justes proportions les dimensions que l'on a prises sur le terrain.

On se sert le plus ordinairement de l'échelle des parties égales; quand elle est construite de manière à ce qu'on puisse prendre les parties décimales, elle est appelée échelle des dixmes.

Pour la construire, sur une ligne indéfinie DE portez dix fois une même ouverture de compas, prise arbitrairement. Portez ensuite la longueur de ces dix ouvertures de P en R, de R en S, etc., et des points D, P, R, S, E, menez à la ligne DE des perpendiculaires égales à DP; divisez DN, NI, IP de la même manière que DP, et par les points de division des perpendiculaires menez des droites que vous couperez par des transversales dont la première partira du point P, et tombera sur l'extrémité Q de la première division de la ligne IN, la seconde partira du n° 9 et tombera à

Fig. 35.

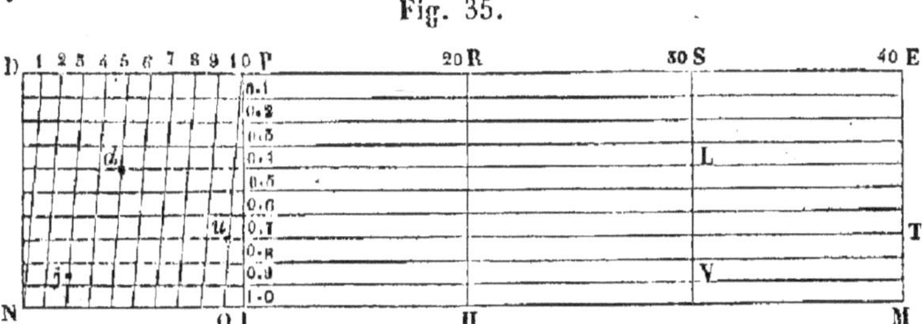

l'extrémité de la seconde division de IN, et ainsi de suite jusqu'à la dernière, qui partira du n° 1 et tombera au point N. Au moyen de cette construction, on voit que le triangle rectangle PIQ est coupé par des lignes parallèles, dont la première vaut 0,1 de QI, la seconde 0,2 de QI, la troisième 0,3 de QI, etc. Ainsi, pour avoir sur cette échelle une longueur égale à 30,7, on prendra la ligne Tu; pour avoir 25,4, on prendra la ligne Ld; enfin, si l'on voulait représenter une longueur de 27,85, comme la partie décimale est comprise entre 0,80 et 0,90, ou entre 0,8 et 0,9, on prendrait la distance Vj.

Quoique l'unité de mesure que nous prenons pour construire une échelle soit arbitraire, il faut avoir soin de la proportionner à la grandeur du papier destiné à recevoir le plan qu'on veut faire. Il faut, autant que possible, donner 5 millimètres par unité, afin que les parties décimales soient plus sensibles.

Mesure des surfaces.

52. Mesurer une surface ou en chercher l'aire, c'est chercher combien de fois elle contient le carré qui a pour côté la ligne prise pour unité de longueur, par exemple le mètre carré.

53. *Rectangle.* — On a démontré en géométrie que la surface d'un rectangle s'obtient en multipliant sa base par sa hauteur, c'est-à-dire qu'en multipliant le nombre d'unités linéaires comprises dans la base par le nombre d'unités linéaires contenues dans la hauteur, on obtient un produit qui exprime combien le rectangle contient de fois l'unité de surface.

Supposons, par exemple, que la base d'un rectangle contienne 12 mètres et que la hauteur en contienne 3 ; en multipliant ces deux nombres, on obtient pour produit 36, ce qui veut dire que le rectangle proposé contient 36 fois un petit carré qui aurait 1 mètre de côté, et qu'on aurait pris pour unité de mesure.

54. La surface d'un carré est égale au produit de son côté par lui-même. Ainsi un carré dont le côté serait 1 mètre, sa surface serait 1 mètre carré.

Si le côté d'un carré avait 10 mètres, sa surface contiendrait 100 mètres carrés.

Si le côté d'un carré avait 100 mètres, sa surface contiendrait 10000 mètres carrés.

55. *Mesures agraires.* — On sait que les mesures agraires sont l'hectare, l'are et le centiare ; l'hectare vaut 10000 mètres carrés ; il est donc équivalent à un carré dont chaque côté aurait 100 mètres de longueur.

L'are vaut 100 mètres carrés ; il est donc équivalent à un carré dont chaque côté aurait 10 mètres de longueur.

Enfin, le centiare vaut 1 mètre carré, c'est-à-dire qu'il est équivalent au carré qui aurait 1 mètre de chaque côté.

A l'inspection de ces mesures, on voit que l'hectare vaut 100 ares, et que l'are vaut 100 centiares.

Si donc on avait à mesurer un terrain de forme rectangulaire dont la base fût 2345 mètres et la hauteur 152 mètres, la surface serait $2345 \times 152 = 356440$. Pour transformer ce nombre en hectares, ares et centiares, il suffit de le diviser en tranches de deux chiffres en allant de droite à gauche ; de la sorte, chaque tranche à droite exprimera des unités cent fois plus petites que celles de la tranche qui est à sa gauche, et l'on aura 35[hect], 64[ares], 40[cent].

56. La surface d'un parallélogramme est égale à sa base multipliée par sa hauteur ; la hauteur d'un parallélogramme est la perpendiculaire menée entre les deux bases parallèles.

57. La surface d'un triangle est égale à sa base multipliée par la moitié de sa hauteur; la hauteur d'un triangle est la perpendiculaire abaissée du sommet sur la base ou sur son prolongement. .

58. La surface d'un trapèze est égale à la demi-somme des bases parallèles multipliée par la hauteur; la hauteur d'un trapèze est égale à la perpendiculaire menée entre les deux bases parallèles.

59. La surface d'un quadrilatère quelconque s'obtient en le divisant en deux triangles au moyen d'une diagonale. On obtient la surface de chaque triangle en multipliant la base par la moitié de la hauteur, et en ajoutant les deux surfaces trouvées on a celle du quadrilatère proposé.

60. *Polygone irrégulier.* — Pour trouver la surface d'un polygone irrégulier, on le divise en triangles par des diagonales, on abaisse des perpendiculaires des divers sommets des triangles sur les bases, et on cherche la surface de chacun d'eux; en additionnant toutes ces surfaces, on a celle du polygone proposé.

61. La surface d'un polygone régulier est égale à son périmètre multiplié par la moitié du rayon du cercle inscrit. Un polygone régulier est celui dont tous les côtés sont égaux entre eux, ainsi que tous les angles. On démontre en outre, en géométrie, que tous les polygones réguliers peuvent être inscrits ou circonscrits à un cercle.

62. La surface d'un cercle est égale à sa circonférence multipliée par la moitié du rayon, ou, ce qui revient au même, au carré du rayon multiplié par le nombre 3,1415 que nous avons trouvé au n° 44. On obtient le carré du rayon en le multipliant par lui-même.

63. La surface d'un secteur ou d'une portion de cercle comprise entre deux rayons et l'arc qu'ils interceptent, est égale à l'arc multiplié par la moitié du rayon.

64. La surface d'une ellipse est égale au produit de ses deux demi-axes multiplié par le nombre 3,1415 trouvé au n° 44. Le grand axe d'une ellipse est son grand diamètre, et le petit axe est le petit diamètre élevé perpendiculairement par le milieu du grand axe.

Manière d'opérer pour arpenter un terrain.

65. L'arpenteur ne doit entreprendre la mesure d'un terrain qu'après en avoir levé le plan ou fait le canevas; il doit commencer par placer des jalons aux principaux angles. Après cela, une inspection assez rapide suffit pour lui faire connaître à peu près la figure du terrain qu'il reproduit de son mieux sur une feuille de papier.

Chaque fois que l'arpenteur a mesuré une distance, il doit avoir soin d'en écrire la longueur sur la ligne du croquis correspondante à la distance qu'il a mesurée.

66. Supposons que le terrain qu'on veuille mesurer ait une forme triangulaire. Soit ABC.

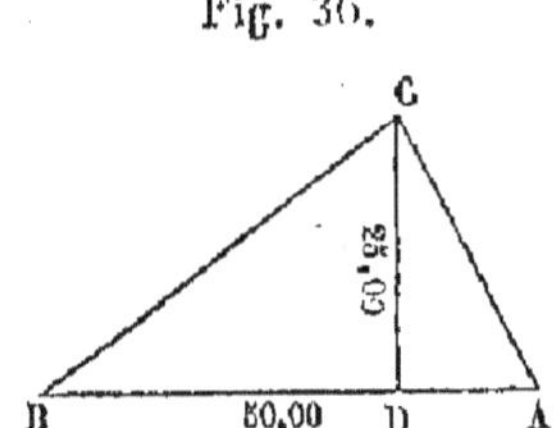

Fig. 36.

Nous avons vu (57) que pour avoir la mesure de la surface d'un triangle, il fallait multiplier sa base par la moitié de sa hauteur; par conséquent, nous jalonnerons le côté BA, que nous prendrons pour base de la figure, et nous mesurerons sa longueur avec la chaîne (41). Supposons que nous ayons trouvé 5o mètres.

Après cela, nous élèverons avec l'équerre d'arpenteur (30) une perpendiculaire CD passant par le sommet C du triangle dont elle sera la hauteur; supposons que nous ayons trouvé 25 mètres pour longueur de cette perpendiculaire. En multipliant la base 5o mètres par 25 mètres et en prenant la moitié du produit, on aura 625, qui sera le nombre de mètres carrés contenus sur la surface mesurée.

Il est entendu que l'arpenteur a la faculté de choisir pour base du triangle celui des trois côtés qui lui offre le moins de difficultés, soit pour le jalonnage, le chaînage ou l'élévation de la perpendiculaire.

67. Supposons, en second lieu, que le terrain à mesurer soit un quadrilatère ABCD dont les quatre cotés sont inégaux.

Prenons AB pour servir de base à la figure, et au moyen de l'équerre d'arpenteur élevons sur cette base deux perpendiculaires

EC, FD passant par les points C et D. Le terrain se trouve ainsi décomposé en deux triangles rectangles CAE, DBF et un trapèze CEFD. Il n'y a donc, si l'on veut avoir la mesure du terrain ABCD, qu'à chercher la superficie de chacune de ses trois parties, et ajouter ensemble les trois surfaces trouvées.

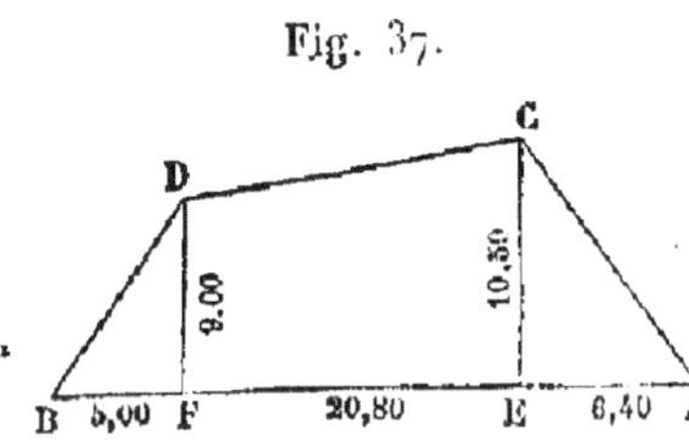
Fig. 37.

Pour cela, plaçons des jalons aux points E et F, et mesurons la distance du point A au point E, supposons qu'on ait trouvé $AE = 6,40$; écrivons cette cote sur le croquis, mesurons EC que nous coterons également, soit $EC = 10,50$.

Après cela, revenons au point E et mesurons la distance EF que nous supposerons égale à $20^m,80$ et que nous coterons sur le croquis; mesurons aussi FD que nous coterons également. Supposons que $FD = 9^m,00$. Enfin, mesurons la distance FB, cotons-la, soit $FB = 5^m,00$, et l'opération sur le terrain sera terminée.

Voici le tableau des calculs que l'on doit effectuer maintenant, et qui sont indiqués dans les n°^{s} 57 et 58 :

$$\text{Triangle} \quad AEC = \frac{10,50 \times 6,40}{2} = 33,60.$$

$$\text{Triangle} \quad BDF = \frac{9,00 \times 5,00}{2} = 22,50.$$

$$\text{Trapèze} \quad CEFD = \left(\frac{10,50 \times 9,00}{2}\right) \times 20,80 = 405,60.$$

$$\text{Total} \dots \ 461^m,70$$

La somme $461,70$ représente le nombre de mètres carrés que contient la figure ABCD. Si l'on veut exprimer cette surface en mesure agraire, on dira qu'elle est égale à $4^{ares},61^{cent},7$, c'est-à-dire à 4 ares, 61 centiares plus 7 dixièmes de centiare.

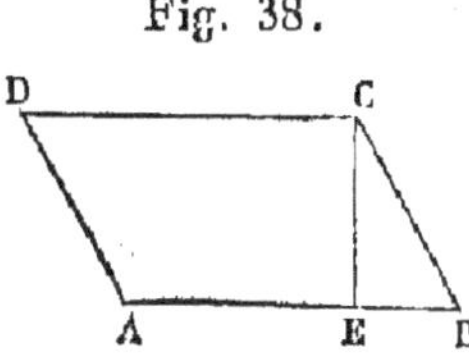
Fig. 38.

68. Supposons que le quadrilatère à mesurer soit un parallélogramme. Il faut mesurer la base AB, mener sur cette base une perpendiculaire CE qui représentera la hauteur de la figure, et après avoir mesuré la longueur de cette per-

pendiculaire, on multipliera les deux dimensions qu'on a trouvées, le produit sera la mesure de la surface ABCD.

69. On peut encore trouver la mesure d'un quadrilatère ADBC au moyen de la diagonale AB ; mais il vaut mieux la tracer entre

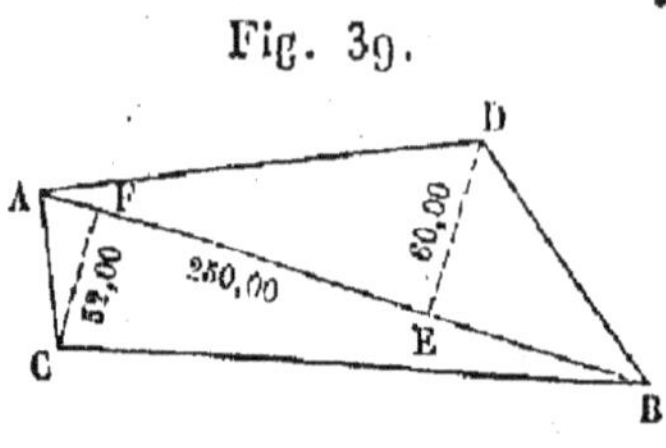

Fig. 39.

les deux angles opposés les plus éloignés l'un de l'autre, parce qu'il faut prendre, autant que possible, pour base de l'opération la ligne qui a le plus d'étendue. Le quadrilatère se trouve ainsi décomposé en deux triangles ABD, ABC, qui ont tous les deux pour base le côté AB; on trace avec l'équerre les deux perpendiculaires ED, CF, qui sont les hauteurs de ces triangles.

Après cela, on mesure la base AB et les deux hauteurs ED, CF, et l'on cote les résultats sur le croquis.

Supposons que la base commune ait 250 mètres, que la hauteur CF ait 52 mètres, et la hauteur ED 60 mètres; sachant que la surface d'un triangle a pour mesure le produit de sa base par la moitié de sa hauteur, on voit qu'on n'a dans cet exemple qu'une seule opération à faire : elle consiste à multiplier par la base commune AB la demi-somme des deux hauteurs, ce qui donne $\left(\dfrac{60,00 + 52,00}{2}\right) \times 250$,

ou bien 14000 mètres carrés, résultat qui revient à 1 hectare et 40 ares, pour contenance du quadrilatère ADBC.

70. On propose d'arpenter une surface plane d'un nombre quelconque de côtés.

Soit le pentagone ABCDE; il y a plusieurs méthodes pour trouver la mesure d'un pentagone; nous allons donner ici la plus commode et la plus expéditive, car l'arpenteur doit s'attacher à multiplier le moins possible les opérations.

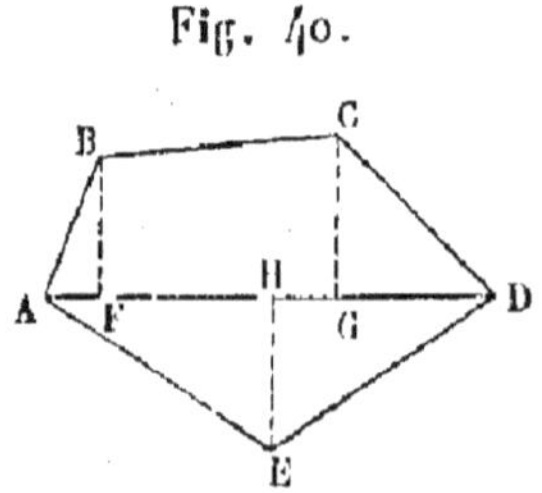

Fig. 40.

Tirez et jalonnez entre les deux sommets le plus éloignés l'un de l'autre la diagonale AD qui servira de base à l'opération. Avec une équerre d'arpenteur, élevez sur cette base des perpendiculaires passant par les autres sommets B, C, E. Le pentagone se trouve ainsi divisé en quatre triangles et un trapèze; mesurez alors chacune des perpendiculaires, ainsi que la portion de diagonale qui sert de base à chaque triangle et de hauteur au trapèze; inscrivez les hauteurs trouvées sur le canevas à côté des lignes correspondantes, et évaluez ensuite chacune des cinq parties du pentagone proposé, comme vous l'avez déjà fait ci-dessus. Faites la somme des cinq résultats, et vous aurez la mesure du pentagone ABCDE.

Les deux triangles AEH, HED peuvent être évalués par une seule opération; car ils forment le triangle AED, qui a pour hauteur EH et pour base la diagonale AD.

71. Supposons qu'on veuille arpenter une surface polygonale d'un grand nombre de côtés comme ABCDEFGH. On tracera, comme dans le numéro précédent, la directrice AE, et en appliquant ici la méthode que nous avons indiquée dans l'exemple précédent, on décomposera la figure proposée en triangles et trapèzes qu'il sera facile d'évaluer.

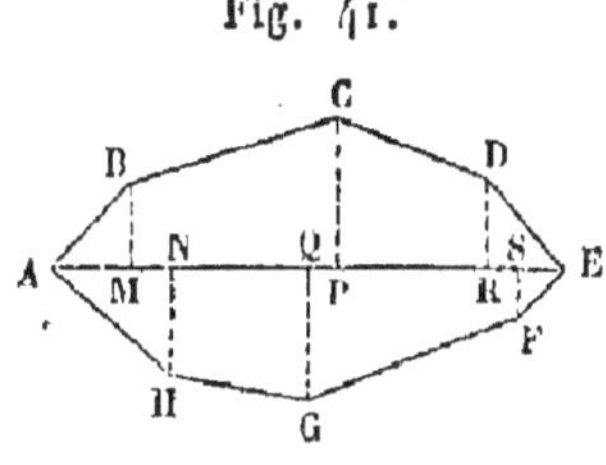
Fig. 41.

72: Si la figure du terrain offrait des angles rentrants, comme il arrive dans la surface ABCDEFG, il est facile de voir que l'on pourrait encore employer la même méthode, et que la décomposition se ferait par le même procédé.

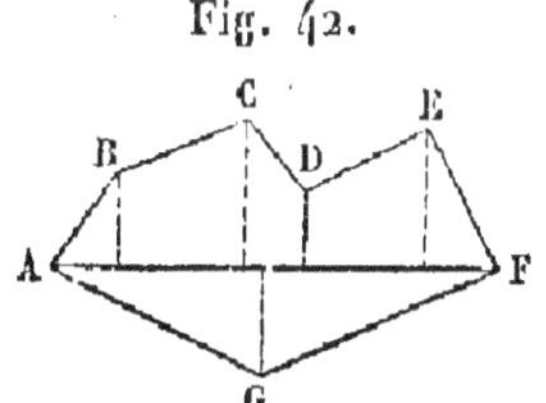
Fig. 42.

73. *Arpentage des surfaces terminées par une ligne courbe.* — Pour arpenter la surface AMNB, dont le côté MN est une ligne courbe, abaissez des différents points de cette courbe des perpendiculaires sur le côté AB, le plus long de la figure. Vous décomposerez ainsi la surface proposée en deux triangles AMP, NRB et en un nombre de trapèzes d'autant plus grand, que vous aurez abaissé un plus grand nombre de perpendiculaires; vous évaluerez séparément les deux triangles et chacun des trapèzes; et en ajou-

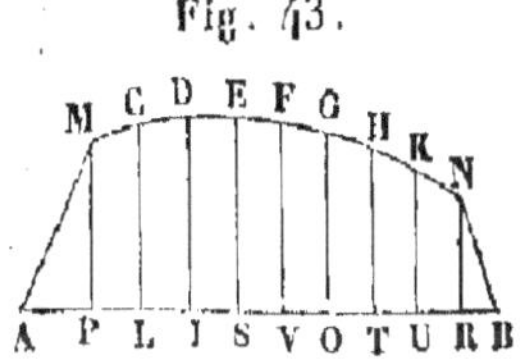
Fig. 43.

tant toutes ces surfaces, vous aurez ainsi la contenance de la surface proposée. Il est évident que plus les trapèzes seront multipliés, moins la courbe sera sensible dans chacun d'eux, et par conséquent plus l'opération sera exacte; car les courbures MC, **CD**, DE, etc., etc., pourront alors, sans erreur possible, être considérées comme lignes droites.

74. Si le quadrilatère que nous venons de voir était d'une grande étendue, il ne faudrait pas employer le procédé que nous avons indiqué dans le numéro précédent, parce qu'on s'exposerait à commettre des erreurs dans le chaînage des lignes trop longues qu'on serait obligé de mener.

Supposons, par exemple, qu'on veuille mesurer la surface du quadrilatère ADCBM, supposé d'une étendue assez considérable.

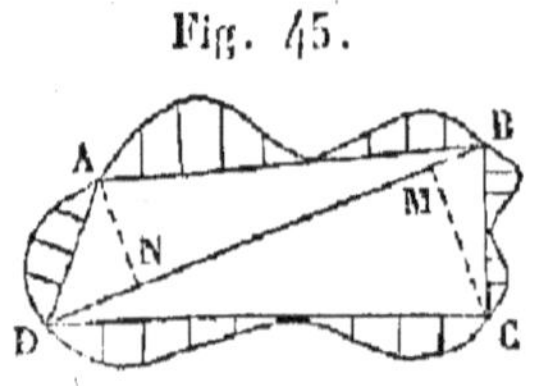

Fig. 44.

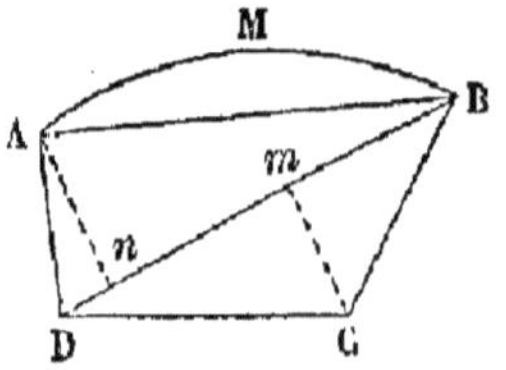

Nous tracerons avec des jalons la droite AB entre les extrémités de la courbe AMB, et le terrain se trouvera ainsi partagé en un quadrilatère rectiligne ADCB, que nous mesurerons comme au n° 69, et une figure AMB pour la mesure de laquelle nous aurons recours à ce qui a été dit au numéro précédent.

75. Il pourrait arriver que le terrain à mesurer fût terminé par une courbe sinueuse et continue, comme la figure le représente ici. On jalonnera alors les lignes AB, BC, CD, DA, de manière à former un quadrilatère qui se calcule comme il a été dit au n° 69. Après cela, de chaque ligne courbe on abaissera sur les lignes jalonnées des perpendiculaires qui donneront des petits triangles aux extrémités, et partout ailleurs des trapèzes que nous savons mesurer.

Fig. 45.

Lorsque le terrain à mesurer est clos par des murs ou des haies, on peut se trouver embarrassé pour tirer la directrice qui doit servir de base à l'opération; pour éviter cette difficulté, il faut être deux personnes : l'une cherche en tâtonnant, avec l'équerre, un point situé dans l'éloignement des deux extrémités entre lesquelles on veut mener la directrice; et elle tient l'œil dans cet alignement, pendant que l'autre plante des jalons.

Arpentage des terrains dans lesquels on ne peut pénétrer.

76. Supposons que les surfaces à mesurer sont accessibles en dehors seulement; ainsi, par exemple, marais, bois épais, récoltes en maturité, etc., etc.

Dans de pareils cas, on voit que l'application des moyens que nous avons indiqués jusqu'ici n'est pas praticable, puisqu'on ne peut ni tirer des lignes ni mener des perpendiculaires dans l'intérieur.

Alors on parvient à trouver la superficie de ces terrains impénétrables en dedans, en les enveloppant dans des lignes qui forment un rectangle ou un trapèze que l'on sait calculer. On déduit ensuite de la superficie totale de ce rectangle les diverses parties de terrain empruntées pour sa formation, et comprises entre les côtés de ce même rectangle ou trapèze, et les lignes qui terminent l'enceinte inaccessible en dedans. La déduction faite, ce qui reste représente la surface à mesurer.

Supposons, par exemple, qu'on veuille connaître la superficie d'une pièce d'eau ABCDEFG accessible en dehors.

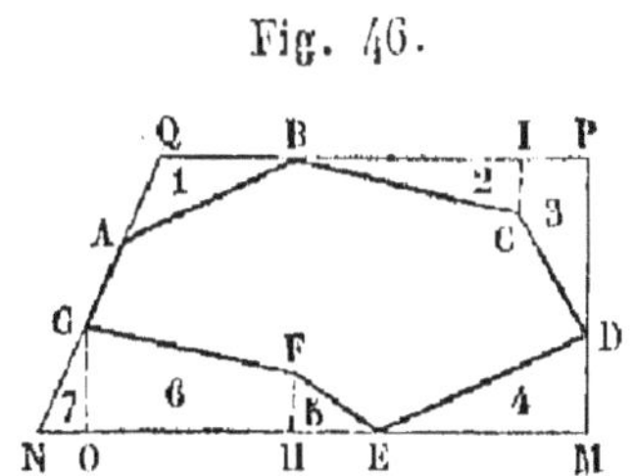
Fig. 46.

Commencez par placer des jalons à tous les angles A, B, C, D, E, F, G de la surface que vous voulez mesurer; après cela, tracez une ligne MP, passant par le sommet D; élevez sur cette ligne avec l'équerre d'arpenteur deux perpendiculaires MN, PQ, passant par les jalons E et B, et prolongez dans les deux sens le côté GA de la figure proposée, jusqu'à ce qu'il rencontre les deux perpendiculaires.

La pièce d'eau se trouve ainsi comprise dans un trapèze MNQP dont la hauteur est MP et les deux bases PQ, MN; il est alors facile d'en déterminer la superficie; après cela, on calcule en particulier la contenance des sept parties (triangles et trapèze) empruntées pour la formation du trapèze, et l'on retranche l'expression de leur somme de la valeur trouvée pour surface du trapèze enveloppant. Le reste de cette soustraction représentera la surface de la pièce d'eau.

Pour vérifier si le chaînage des deux bases et de la hauteur du trapèze est exact, il faudra ajouter le détail qu'on a fait sur chacune de ces lignes, en mesurant les distances partielles.

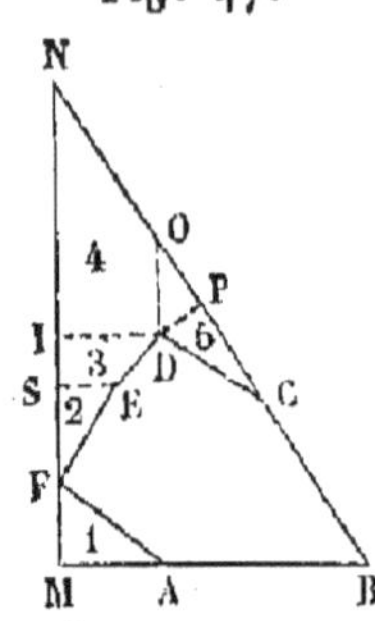

Fig. 47.

On pourrait aussi avoir la surface d'un terrain impénétrable en l'enveloppant d'un triangle rectangle, qui se calculerait au moyen de sa base et de sa hauteur; de la surface on retrancherait la somme de cinq parties (triangles et trapèzes) empruntées, et le reste serait la mesure du terrain ABCDEF.

Arpentage d'un terrain en n'employant ni équerre d'arpenteur, ni planchette, ni graphomètre pour le relever ; on suppose qu'on ne peut disposer que de la chaîne et d'un certain nombre de jalons.

77. Nous avons déjà eu occasion de remarquer que toutes les figures rectilignes sont des triangles, des quadrilatères et des polygones quelconques, et que toutes ces figures diverses peuvent se décomposer en triangles. C'est cette décomposition de toutes les figures rectilignes en triangles qui nous fournit les moyens d'arpenter un terrain sans avoir recours au tracé de perpendiculaires.

En effet, la géométrie nous enseigne que l'on obtient la surface d'un triangle de la manière suivante :

On fait la somme des trois côtés du triangle; on en prend la moitié ; on retranche tour à tour de cette demi-somme chacun des trois côtés, on fait le produit de ces quatre facteurs ; on extrait la racine carrée de ce produit, et l'on a le nombre d'unités carrées contenues dans la surface du triangle (1).

Si l'on désigne la surface du triangle par S, la somme des trois côtés du triangle par p, un des côtés du triangle par a, le second côté par b et le troisième côté par c, la formule suivante représentera tous les calculs à effectuer pour trouver la surface du triangle sans avoir recours au tracé d'une perpendiculaire :

$$ S = \sqrt{ \frac{p}{2} \left(\frac{p}{2} - a \right) \left(\frac{p}{2} - b \right) \left(\frac{p}{2} - c \right) }. $$

---

(1) On trouvera à la fin de l'ouvrage la formation des carrés et l'extraction de la racine carrée des nombres entiers et des nombres décimaux.

Nous allons exposer ces calculs en les appliquant à l'arpentage d'une figure rectiligne quelconque.

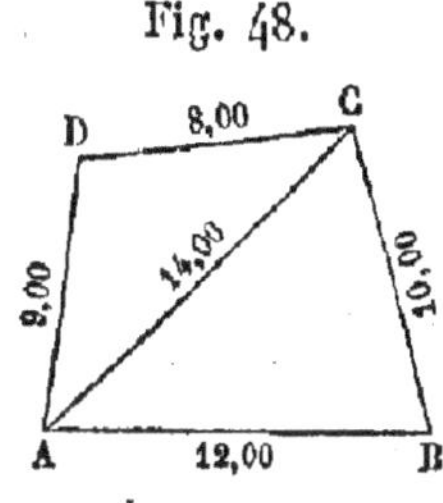

Soit proposé d'arpenter le quadrilatère ABCD sans autre instrument que la chaîne et des jalons.

Menons la diagonale AC; plaçons des jalons aux points A, B, C et D. Le quadrilatère proposé est ainsi divisé en deux triangles ABC et ADC; mesurons avec la chaîne les côtés AB, BC et AC du premier triangle.

Supposons AC $= 14,00$; AB $= 12,00$ et BC $= 10$ mètres. Il s'ensuivra

$$p = 14 + 12 + 10 = 36 \text{ mètres,}$$
$$\frac{p}{2} = 18 \text{ mètres;}$$

par conséquent

$$\frac{p}{2} - a = 18 - 12 = 6,$$
$$\frac{p}{2} - b = 18 - 10 = 8,$$
$$\frac{p}{2} - c = 18 - 14 = 4.$$

La formule devient donc, en remplaçant les lettres par leurs valeurs,

$$S = \sqrt{18 \times 6 \times 8 \times 4} = \sqrt{3456} = 58^{mq},78.$$

Mesurons encore avec la chaîne les trois côtés du second triangle ADC.

Supposons AC $= 14,00$; AD $= 9,00$; DC $= 8,00$. Il s'ensuivra

$$p = 31,00,$$
$$\frac{p}{2} = 15,50;$$

par conséquent

$$\frac{p}{2} - a' = 15,50 - 9 = 6,50,$$
$$\frac{p}{2} - b' = 15,50 - 8 = 7,50,$$
$$\frac{p}{2} - c' = 15,50 - 14 = 1,50,$$

La formule devient donc, en remplaçant les lettres par leurs valeurs,

$$S = \sqrt{15,50 \times 6,50 \times 7,50 \times 1,50} = \sqrt{1133,4375} = 33,66.$$

En ajoutant ensemble la superficie des deux triangles, on aura

$$ABC + ADC = 58^{mq},78 + 33^{mq},66 = 92^{mq},44.$$

78. Si l'on voulait relever le plan du polygone ABCD (*fig.* 48), sans avoir recours à l'emploi du graphomètre ou de la planchette, on procéderait de la manière suivante : On tracerait sur le papier une ligne droite *ab*, que l'on prendrait égale à 12 mètres au moyen de l'échelle de proportion; du point *a* comme centre, et avec un rayon de 14 mètres pris sur la même échelle, on tracerait un arc de cercle; du point *b* comme centre, et avec un rayon égal à 10 mètres, on tracerait un second arc de cercle qui couperait le premier au point *c*, et l'on aurait ainsi le triangle *abc* qui serait semblable à ABC.

On construirait le second triangle de la même manière, en prenant *ac* pour base. Du point *a* comme centre, et avec un rayon de 9 mètres, on décrirait un arc de cercle; du point *c* comme centre, et avec un rayon de 8 mètres, on décrirait un second arc de cercle qui couperait le premier au point *d*, et l'on aurait le second triangle *adc* semblable à ADC. Par conséquent, la figure *abcd* tracée sur le papier serait semblable à la figure ABCD tracée sur le terrain, puisqu'elles seraient toutes deux composées de deux triangles semblables chacun à chacun.

79. Ce qui précède nous démontre que l'on peut employer deux méthodes distinctes pour arpenter un terrain.

La première méthode exige qu'on fasse le relevé du terrain à arpenter avec la planchette, le graphomètre, ou tout autre instrument, et que pour calculer des surfaces on emploie l'équerre d'arpenteur pour élever des perpendiculaires qui deviennent les hauteurs des triangles, des trapèzes, ou des parallélogrammes dans lesquels on a décomposé les figures rectilignes.

La deuxième méthode consiste à décomposer toutes les figures rectilignes en triangles au moyen de diagonales, et à mesurer à la chaîne les trois côtés de chaque triangle.

Connaissant la grandeur des trois côtés d'un triangle, il est facile d'en construire un semblable et d'en calculer la surface, de sorte que cette seconde méthode a sur la première l'avantage d'épargner à l'arpenteur les frais d'acquisition d'un certain nombre d'instruments qui coûtent toujours fort cher.

Manière de diviser une propriété suivant certaines conditions.

80. La division a pour objet le partage d'un terrain en plusieurs; elle offre les opérations suivantes :

1° Une superficie à prendre dans une plus grande ;

2° Une superficie à partager en parties égales ;

3° Une superficie à partager en parties inégales ;

4° Une superficie à reprendre sur une autre ;

5° Une superficie à remettre à une autre ;

6° Plusieurs superficies à régler par proportion sur boni ou déficit de convenance ;

7° Une superficie divisée à prouver par un seul arpentage, ce qui s'appelle *récolement*.

81. *Division des triangles : une superficie à prendre dans une plus grande.* — Un père donne à son fils en mariage une portion de terre à prendre dans un terrain qui forme le triangle; il désire faire déterminer cette portion.

Supposons que ce soit 8^{ares},19 à prendre dans le triangle ABC, qui contient 21^{ares},44, et dont les dimensions sont AB $=$ 122^m,30 ; CB $=$ 78^m,80, et AC $=$ 62^m,50. L'arpenteur doit se faire indiquer de quel côté on veut que soit la pointe ; ensuite faisant une proportion sur la ligne de base, il déterminera les dimensions de la portion à fixer.

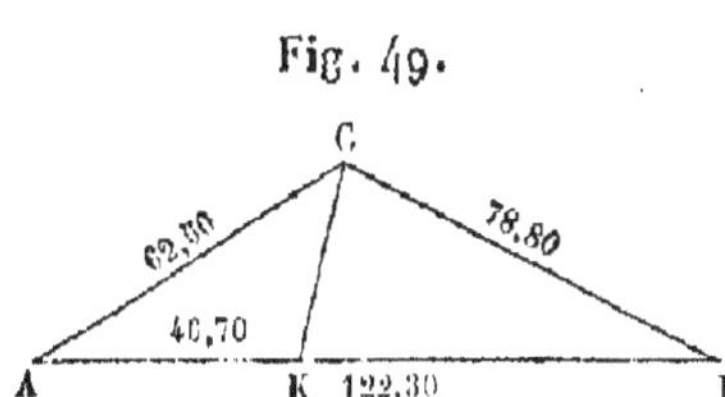

Soit C où la pointe de la portion doit aboutir; on a pour ligne de base le côté opposé qui est AB $=$ 122,30; on établit la proportion ainsi qu'il suit :

$$21^{ares},44 : 122^m,30 :: 8^{ares},19 : x = \frac{122,30 \times 8,19}{21,44} = 46,70.$$

Prenant donc AK $=$ 46^m,70 sur AB, il faudra joindre le point K au point C, et le triangle AKC contiendra 8^{ares},19, qui sera la part du fils.

Observons que ce sont les mêmes principes à suivre pour diviser tout triangle, et qu'on peut opérer ainsi sur chaque côté.

82. *Partager un triangle en trois parties égales ou en quatre parties égales, etc.*

Soit le même triangle ABC (*fig.* 49) à partager en trois ou en quatre parties égales. La base AB ayant 122^m,3o de longueur, on la partagera en trois ou en quatre parties égales, on joindra les points de division au point C, et chaque petit triangle sera le tiers ou le quart du grand triangle ABC.

83. *Partager un triangle en trois parties inégales dans un rapport donné.*

Un père partage ses trois enfants, et leur donne un triangle de 21^{arcs},44 à partager entre eux par inégales portions de la manière suivante :

	ares
Le premier doit avoir...	5,15
Le second...............	9,10
Le troisième............	7,19
Total pareil....	21,44

Supposons le triangle ABC à partager ainsi : prenant AB pour base, on fera les proportions suivantes : ·

$$21,44 : 122,3o :: 5,15 : x = \frac{122,3o \times 5,15}{21,44} = 29^m,40$$

$$21,44 : 122,3o :: 9,10 : x = \frac{122,3o \times 9,10}{21,44} = 51,10$$

$$21,44 : 122,3o :: 7,19 : x = \frac{122,3o \times 7,19}{21,44} = 41,00$$

$$\text{Total pareil à la base.... } = 122,3o$$

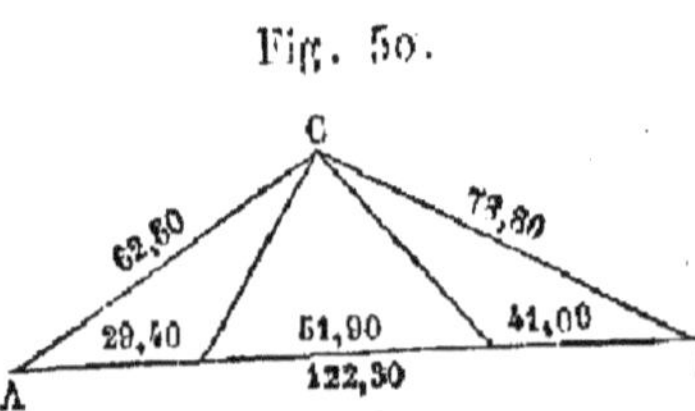

On mesurera sur AB 29^m,40, 51^m,9o, et 41^m,oo, et par les points de division on mènera des droites au point C, ce qui formera trois triangles qui résoudront la question proposée.

84. *Reprendre une superficie pour joindre à un triangle.* — Un propriétaire possède un terrain triangulaire qui contient 21^{arcs},44, mais qui doit contenir 27^{arcs},28 ; il demande que son voisin lui restitue ce qui lui manque?

Soit le triangle ABC dont la superficie égale $21^{\text{ares}},44$; si c'est sur la ligne AC qu'on ait à reprendre le déficit, il faudra faire la proportion suivante, la base étant BC :

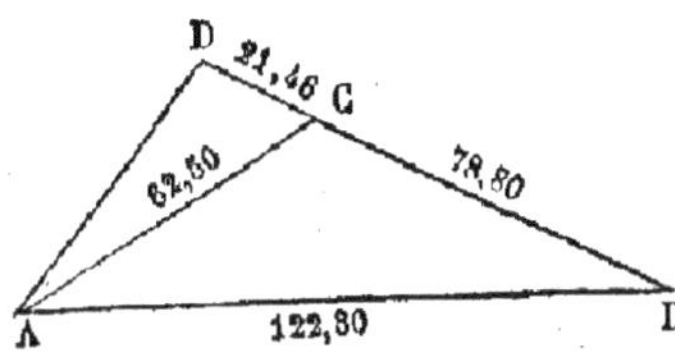

Fig. 51.

$$21,44 : 78,80 :: 27,28 : x$$

$$= \frac{78,80 \times 27,28}{21,44} = 100,26.$$

La longueur de la base pour $27^{\text{ares}},28$ sera de $100^{\text{m}},26$; sachant que celle pour $21^{\text{ares}},44$ est de $78^{\text{m}},80$, il faut la soustraire de la nouvelle base, pour savoir ce qu'on a à reprendre au bout de la ligne BC.

$$\begin{array}{lr} \text{De.} \dots\dots\dots & 100,26 \\ \text{Otez} \dots\dots\dots & 78,80 \\ \hline & 21,46 \end{array}$$

Il faut donc prolonger BC et prendre sur ce prolongement $21^{\text{m}},46$, puis joindre le point D au point A, et le triangle ABD contiendra la superficie demandée.

85. *Division des quadrilatères.* — Un carré contient $18^{\text{ares}},96$, on propose d'en retrancher $8^{\text{ares}},15$.

Ce carré doit avoir $43^{\text{m}},55$ de côté ou bien $174^{\text{m}},20$ de contour.

Pour prendre dans ce carré $8^{\text{ares}},15$, il suffit de faire la proportion suivante :

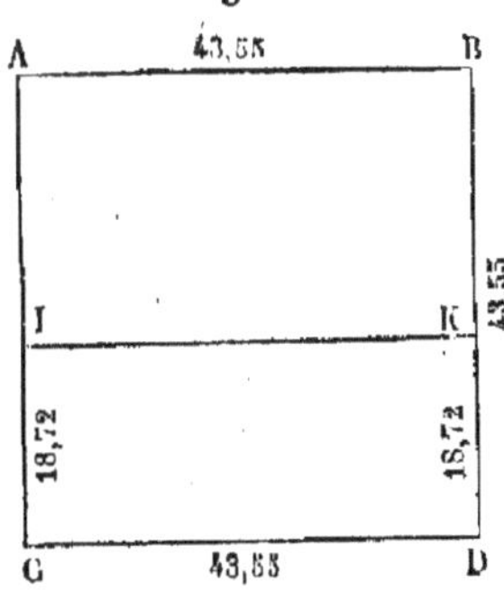

Fig. 52.

$$18^{\text{ares}},96 : 43,55 :: 8,15 : x = 18,72.$$

Il faut par conséquent prendre sur CA et DB les distances $CI = 18,72$, $DK = 18,72$, joindre le point I au point K, et la figure CIKD contient $8^{\text{ares}},15$ qu'il fallait retrancher du carré ABCD.

86. *Partager le carré ABCD qui contient une surface de $18^{\text{ares}},96$ en quatre parties égales.*

On peut faire ce partage de deux manières différentes :

1° On peut prendre la moitié de chacun des côtés du carré et joindre les points de division; on partage ainsi le carré proposé en quatre carrés égaux.

2° On peut partager le côté AC en quatre parties égales et par

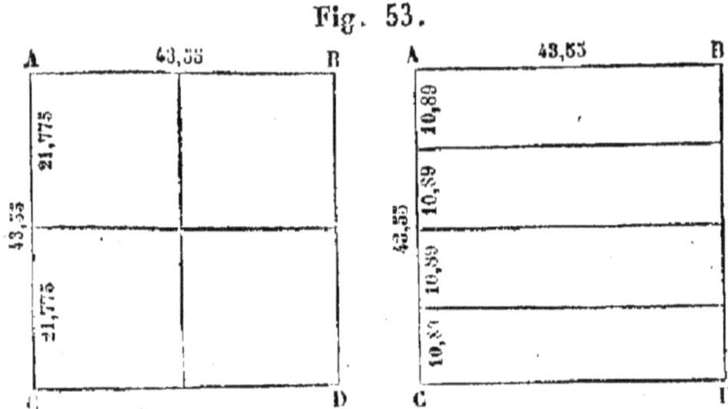

Fig. 53.

les points de division mener des parallèles au côté AB, et alors le carré proposé sera partagé en quatre rectangles égaux.

87. Un quadrilatère quelconque contient une surface de 37^{arcs},04; on propose d'en retrancher sur la longueur une surface de 6^{arcs},44.

Soit proposé le quadrilatère ABCD; je suppose que ce soit sur

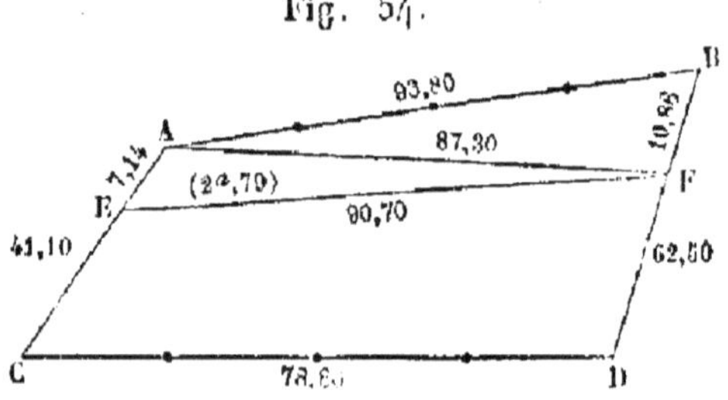

Fig. 54.

AB qu'il faille prendre 6^{arcs},44; je commence par faire deux proportions, pour savoir en quels points l'on doit mener la ligne EF :

$$37,04 : 41,10 :: 6,44 : x = \frac{41,10 \times 6,44}{37,04} = 7,14,$$

$$37,04 : 62,50 :: 6,44 : x = \frac{62,50 \times 6,44}{37,04} = 10,86.$$

Je prendrai donc sur AC et à partir du point A une distance de 7^{m},14. De même, du point B je prendrai sur BD une distance de 10,86 et je mènerai la ligne EF; je mesure cette ligne et je la trouve égale à 90^{m},70, je joins le point A au point F par une

diagonale AF que je mesure et dont la longueur est de 87,3o.
Cette diagonale partage le quadrilatère ABFE en deux triangles
AEF et ADF, dont on peut trouver facilement la surface par la
méthode indiquée au n° 77.

On trouve que le triangle AEF a pour surface   2,79
et le triangle ABF a pour surface   3,93
____
J'ai donc pris une superficie de   6,72
Comme il ne faut que........   6,44
____
J'ai de trop.............   o,28

Ces 28 centiares, je les restituerai en les divisant par la ligne EF,
sans faire de proportion, attendu que la ligne intermédiaire offrira
très-peu de différence.

Ayant divisé 0^{arcs},28 par 9o,7o, j'ai au quotient o,3o à restituer;
par conséquent la distance du point A sera réduite de 7,14 à 6,84,
et celle du point B sera réduite de 1o,86 à celle de 1o,56.

88. On propose de partager le quadrilatère (*fig.* 55) en quatre
parties égales. Pour faire cette division, je prends le quart de AB,
j'ai 23,45 que je porte quatre fois sur cette ligne; de même je

Fig. 55.

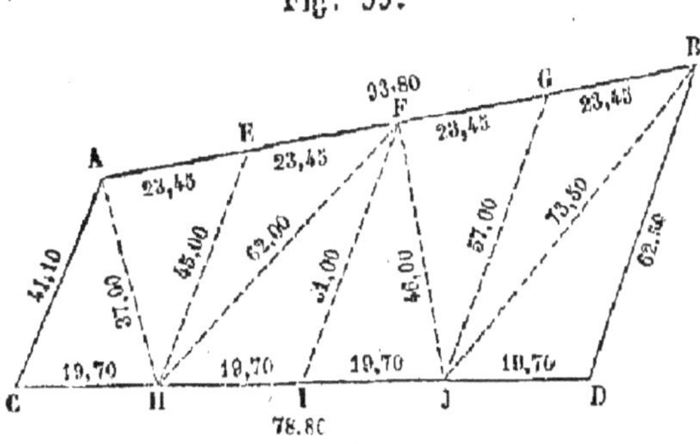

partage la ligne CD en quatre parties égales dont chacune est de
19^{m},7o. Ayant planté des jalons à chaque quart, le terrain est
dès lors divisé en quatre parties : voici comment nous allons
opérer pour en trouver la superficie.

Le terrain est divisé en quatre quadrilatères qui sont : ACEH;
EHIF, FIJG et JGDB. Je mesure tous les côtés de ces quadrilatères, et je mène les diagonales AH, HF, FJ et JB, que je mesure également.

Premier quadrilatère.

En suivant la méthode indiquée au n° 77, on trouve

$$
\begin{aligned}
&\text{(ares)}\\
\text{Pour la surface du triangle CHA} &= 3,63\\
\text{Pour la surface du triangle AEH} &= 4,32\\
\text{Superficie du } 1^{er} \text{ quadrilatère} &= 7,95
\end{aligned}
$$

Deuxième quadrilatère.

$$
\begin{aligned}
\text{La surface du triangle EHF} &= 4,21\\
\text{Celle du triangle HFI} &= 4,54\\
\text{Superficie du } 2^e \text{ quadrilatère} &\;\;\; 8,75
\end{aligned}
$$

Troisième quadrilatère.

$$
\begin{aligned}
\text{La surface du triangle FIJ} &= 4,52\\
\text{Celle du triangle FJG} &= 5,19\\
\text{Superficie du } 3^e \text{ quadrilatère} &= 9,71
\end{aligned}
$$

Quatrième quadrilatère.

$$
\begin{aligned}
\text{La surface du triangle GJB} &= \;\;5,34\\
\text{Celle du triangle JDB} &= \;\;5,49\\
\text{Superficie du } 4^e \text{ quadrilatère} &= 10,83
\end{aligned}
$$

Récapitulation des contenances.

	ares
1er quadrilatère.........	7,95
2e quadrilatère..........	8,75
3e quadrilatère..........	9,71
4e quadrilatère....	10,83
Superficie totale.....	37,24
La superficie du terrain est de	37,04
Différence en plus	0,20

Ayant trouvé par la récapitulation qui précède une contenance de............................... 37^{ares},24

Il en appartient le quart à chaque copartenaire, ci   9^{ares},31

L'arpenteur doit donc comparer chaque part avec la superficie do chaque quadrilatère, en retenir la différence, restituer ou reprendre cette différence d'après les principes suivants :

Règlement pour le premier quadrilatère.

	ares
Il lui faut pour son quart.....................	9,31
Il n'a que....................................	7,95
Il lui manque et il faut qu'il reprenne sur le 2ᵉ quadril.	1,36

Proportion pour établir la ligne intermédiaire.

Le 2ᵉ quadrilatère contient 8ᵃʳᵉˢ,75 ; ses deux longueurs sont 45 mètres et 51 mètres ; la différence de ces deux longueurs est de 6 mètres ; on fera la proportion suivante :

$$8,75 : 6,00 :: 1,36 : x = \frac{6,00 \times 1,36}{8,75} = 0,93.$$

Dimensions de la portion à reprendre.

Première ligne....................		45,00
Deuxième ligne 45,00		
Plus 0,93	....	45,93
	Total...	90,93
Dont la moitié pour la longueur moyenne..		45,46

Maintenant il faut diviser la portion à reprendre, qui est 1ᵃʳᵉ,36, par la longueur moyenne, qui est 45,46, et l'on trouvera la largeur de la surface à ajouter au 1ᵉʳ quadrilatère : en divisant 1,36 par 45,46, on trouve pour quotient 0ᵐ,0298. Je dois donc mener dans le 2ᵉ quadrilatère une parallèle à HE, à la distance de 0ᵐ,0298 (*), c'est-à-dire à près de 3 centimètres. De cette façon, j'aurai augmenté la contenance du 1ᵉʳ quadrilatère de la quantité qui lui manquait.

____

(*) Pour mener une parallèle à HE comme il est indiqué ci-dessus, il faut élever deux perpendiculaires sur HE au moyen de l'équerre d'arpenteur, prendre sur ces perpendiculaires deux longueurs égales à 0,0298 et joindre les deux points par une droite qui sera la parallèle demandée.

Règlement pour le deuxième quadrilatère.

	ares
Le 2ᵉ quadrilatère avait une contenance de.	8,75
Il a été repris pour le premier.............	1,36
Il lui reste encore..........	7,39
Mais comme il lui faut pour son quart.....	9,31
Il doit lui être ajouté.......	1,92

Proportion pour établir la ligne intermédiaire.

Le 3ᵉ quadrilatère contient 9ᵃʳᵉˢ,71 ; ses deux longueurs sont 51 mètres et 57 mètres ; leur différence est de 6 mètres. On fera la proportion suivante :

$$9,71 : 6,00 :: 1,92 : x = \frac{1,92 \times 6,00}{9,71} = 1,18.$$

Dimensions de la portion à reprendre.

		m
1ʳᵉ ligne.............................		51,00
2ᵉ ligne......................	51,00)	52,18
Plus........................	1,18)	
Total.........		103,18
Dont la moitié pour la longueur moyenne.		51,59

Maintenant il faut diviser la portion à prendre, qui est 1,92, par la longueur moyenne 51ᵐ,59, et l'on trouvera la largeur de la surface à reprendre au 3ᵉ quadrilatère pour l'ajouter au second ; la division de 1,92 par 51,59 donne pour quotient 0ᵐ,0372.

Il faudra donc mener dans le 3ᵉ quadrilatère une parallèle à FI à la distance de 0,0372, c'est-à-dire à près de 4 centimètres ; de cette façon on aura augmenté le 2ᵉ quadrilatère de la quantité qui lui manquait.

Règlement pour le troisième quadrilatère.

	ares
Le troisième quadrilatère avait une contenance de.	9,71
Il a été repris pour le deuxième.................	1,92
Il lui reste encore.......	7,79
Mais comme il lui faut pour son quart...........	9,31
Il doit lui être ajouté....	1,52

Proportion pour établir la ligne intermédiaire.

Le 4° quadrilatère contient 10,83 ; ses deux longueurs sont $57^m,00$ et $62^m,50$; leur différence est de $5^m,50$. On fera la proportion suivante :

$$10,83 : 5,50 :: 1,52 : x = \frac{5,50 \times 1,52}{10,83} = 0,77.$$

Dimensions de la portion à reprendre.

1re ligne...............................		57,00
2e ligne...........................	57,00	
Plus...........................	0,77	57,77
Total........		114,77
Dont la moitié pour la longueur moyenne.		57,38

Maintenant il faut diviser la portion à prendre, qui est $1^{are},52$, par la longueur moyenne 57,38, et l'on trouvera la largeur de la surface à reprendre au 4° quadrilatère pour l'ajouter au 3° ; la division de 1,52 par 57,38 donne pour quotient 0,0265.

Il faudra donc mener dans le 4° quadrilatère une parallèle à GJ, à la distance de 0,0265, c'est-à-dire à près de 3 centimètres ; de cette façon, on aura augmenté le 3° quadrilatère de la quantité qui lui manquait, en même temps qu'on aura diminué le 4° quadrilatère de la quantité qu'il avait de trop. Le polygone à partager le sera par conséquent de la manière suivante (*fig.* 56) :

Fig. 56.

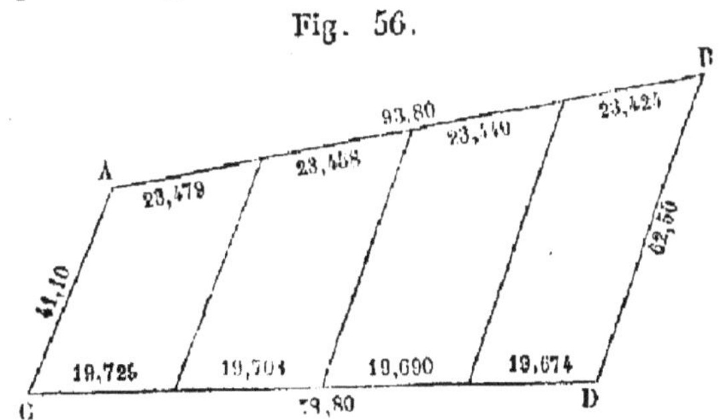

Division des polygones.

89. La méthode que nous avons suivie pour diviser un quadrilatère est aussi applicable à la division des polygones. Nous nous bornerons à donner pour exemple la division d'un terrain qui possède un boni partageable entre les copropriétaires, et de faire le règlement entre eux de ce boni.

Trois propriétaires possèdent un terrain, dont la superficie réelle est de 38ares,48 ; leurs titres n'accusent que 28 ares ; que faut-il faire pour donner à chacun sa quote-part ?

Supposons que le terrain proposé soit la *fig.* 57, que la portion

Fig. 57.

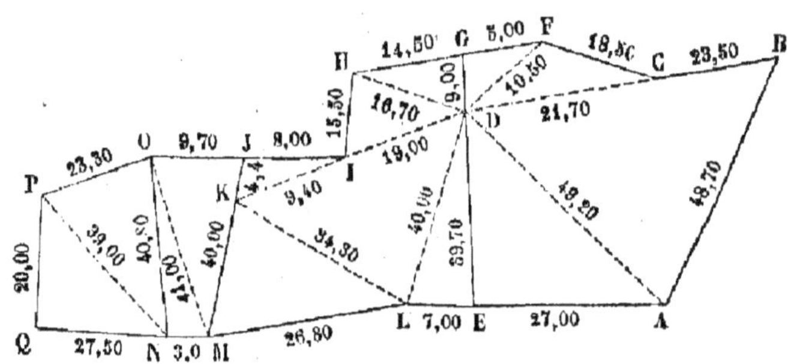

ABCFGE soit la part du premier, la portion EGHIJML la part du deuxième, et enfin la portion MJOPQNM la part du troisième.

Il faut diviser ces polygones en triangles, arpenter la totalité de la pièce, et la diviser ensuite selon les titres des propriétaires, en leur attribuant proportionnellement ce qui leur revient dans le boni ; ou bien il faut arpenter chaque parcelle, ajouter ensemble leurs superficies ; ôter du résultat la contenance portée aux titres : la différence sera le boni qui devra être réparti sur chaque parcelle, chacun à proportion des contenances des titres.

Le polygone ABCFDE peut se décomposer en quatre triangles :

	ares
ABD dont la surface est de..........	9,81
AED dont la surface est de..........	5,35
DCF dont la surface est de..........	0,97
DFG dont la surface est de..........	0,21
Contenance du 1er polygone..	16,34

Le polygone EGHIJML peut se décomposer en six triangles :

	ares
DGH...............................	0,66
DIH...............................	1,26
IJK...............................	0,18
DKL...............................	4,77
DEL...............................	1,39
KLM...............................	4,31
Contenance du 2e polygone..	12,57

Le polygone MJOPQN peut se décomposer en quatre triangles :

$$
\begin{array}{lr}
\text{JMO}\dots\dots\dots\dots\dots & 1,94 \\
\text{MNO}\dots\dots\dots\dots\dots & 0,61 \\
\text{NOP}\dots\dots\dots\dots\dots & 4,43 \\
\text{PQN}\dots\dots\dots\dots\dots & 2,59 \\
\hline
\text{Contenance du 3}^{e}\text{ polygone.} & 9,57
\end{array}
$$

Récapitulation des contenances.

$$
\begin{array}{lr}
\text{Le 1}^{er}\text{ polygone.}\dots & 16,34 \\
\text{Le 2}^{e}\text{ polygone.}\dots & 12,57 \\
\text{Le 3}^{e}\text{ polygone.}\dots & 9,57 \\
\hline
& 38,48
\end{array}
$$

Le résultat du calcul des quatorze triangles composant le polygone proposé fait connaître que la contenance réelle de ce polygone est

$$
\begin{array}{lr}
& \text{ares} \\
\text{de}\dots\dots\dots\dots\dots\dots\dots\dots\dots\dots\dots\dots & 38,48 \\
\text{La contenance des titres est de}\dots\dots\dots & 28,00 \\
\hline
\text{Différence}\dots\dots\dots & 10,48
\end{array}
$$

Il y a donc un boni de 10,48 à répartir entre les trois copropriétaires, chacun en proportion de leurs titres.

$$
\begin{array}{lr}
& \text{ares} \\
\text{Or, d'après le titre du 1}^{er}\text{ il doit avoir}\dots\dots\dots & 12,22 \\
\text{—\qquad titre du 2}^{e}\dots\dots\dots\dots\dots\dots & 9,35 \\
\text{—\qquad titre du 3}^{e}\dots\dots\dots\dots\dots\dots & 6,43 \\
\hline
\text{Total}\dots\dots & 28,00
\end{array}
$$

RÈGLEMENT.

Proportions pour établir ce règlement.

$$
\begin{array}{l}
28 : 10,48 :: 12,22 : x = 4,58 \\
28 : 10,48 :: \ 9,35 : x = 3,50 \\
28 : 10,48 :: \ 6,43 : x = 2,40 \\
\hline
\text{Contenance pareille au boni..} \quad 10,48
\end{array}
$$

COURS PRATIQUE

ares

	ares
Le propriétaire n° 1 a un titre de.....	12,22
Il lui faut dans le boni...............	4,58
En tout......	16,80
Il a par arpentage......	16,34
Il devra restituer au 2ᵉ propriétaire..	0,46

Ces 46 centiares devant être restitués le long de la ligne GE dont la longueur est de $39,70 + 9,00 = 48,70$, on divisera 46 centiares par la longueur 48,70 pour avoir la largeur de la zone à restituer.

Cette division donne $0^m,94$. Par conséquent, il faut mener une parallèle à GE à une distance de $0^m,94$ pour restituer la surface que le 1ᵉʳ propriétaire a de trop.

	ares
Le second propriétaire a un titre de.....	9,35
Il lui faut un boni de..................	3,50
Il a reçu du 1ᵉʳ propriétaire une restitution de..............................	0,46
	13,31
Il a par arpentage....................	12,57
Il devra restituer au 3ᵉ propriétaire......	0,74

Ces 74 centiares doivent être restitués le long de la ligne JM qui a 40 mètres de long; on divisera 74 centiares par la longueur 40 mètres pour avoir la largeur de la zone à restituer.

Cette division donne $1^m,85$; par conséquent, il faut mener une parallèle à JM, à une distance de $1^m,85$ pour céder au 1ᵉʳ propriétaire une superficie de $0^{ares},74$.

	ares
Le 3ᵉ propriétaire a un titre de.........	6,43
Il lui faut un boni de..................	2,40
Il a reçu du 2ᵉ propriétaire............	0,74
	9,57

Il a par conséquent la surface qui lui revenait par l'arpentage, ce qui justifie l'exactitude de toute l'opération.

Problèmes sur l'Arpentage.

90. *Diviser un terrain triangulaire en deux parts, dont l'une soit le triple de l'autre, par une ligne partant du sommet.*

Supposons que la base BC du triangle ait une longueur de 148 mètres et que la hauteur soit égale à 64 mètres; la surface sera $148 \times 32 = 4736^{mq}$ ou bien $47^{ares},36$.

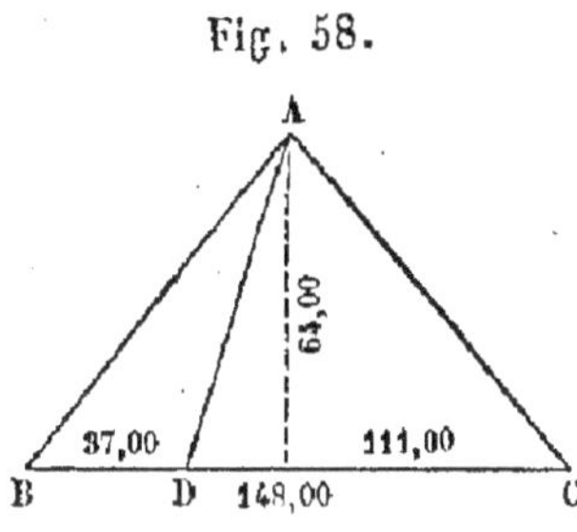

Fig. 58.

Pour partager cette surface comme l'exige l'énoncé du problème, il faut diviser la base en quatre parties égales, chacune sera égale à 37 mètres; en joignant le sommet du triangle au premier point de division D, que l'on marquera par un piquet, on aura partagé le terrain ABC en deux parties; la surface de la partie $ADC = 111 \times 32 = 3552^{mq} = 35^{ares},52$.

La surface de la seconde $ABD = 37 \times 32 = 1184^{mq} = 11^{ares},84$.

Or il est aisé de voir que la première partie est le triple de la seconde; en effet, si l'on multiplie la seconde par 3, on retrouve la première.

91. *Diviser un terrain triangulaire en trois parts de la manière suivante : la première doit être la moitié de la seconde, et celle-ci le quart de la troisième.*

Supposons que nous avons le même triangle que ci-dessus.

Représentons par 1 la part du premier; d'après l'énoncé du problème, la part du second sera représentée par 2, et la part du troisième, qui doit être quatre fois plus grande que celle-ci, sera représentée par 8. Il faut donc, pour résoudre le problème, partager la base en 11 parties égales. En divisant 148 par 11, on trouve $13^m,45$. En joignant le sommet du triangle au point D, premier point de division, on aura le triangle ABD dont la surface sera égale à

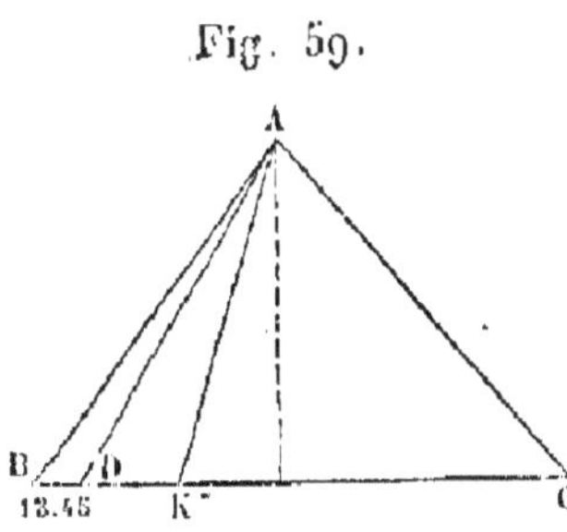

Fig. 59.

$$13,45 \times 32 = 430,40 = 4^{ares},30.$$

En joignant le sommet du triangle au point K, troisième point de division, l'on aura le triangle ADK dont la contenance est

$$13,45 \times 2 \times 32 = 860,80 = 8^{ares},60.$$

Enfin la surface du triangle AKC est égale à

$$13,45 \times 8 \times 32 = 3446 = 34^{ares},46.$$

Pour faire la vérification de ce problème, on prendra la moitié de la seconde part et on devra trouver la première, et en prenant le quart de la troisième on devra trouver la seconde. C'est ce qui a lieu en effet.

92. *Connaissant la contenance d'un terrain triangulaire, on veut en aliéner une partie déterminée en menant une ligne parallèle à la base.*

Supposons que la surface du triangle ABC contienne $24^{ares},36$, et que l'on veuille en aliéner le tiers, soit $8^{ares},12$, en menant une parallèle DE à la base.

Pour résoudre ce problème, il faut déterminer la distance AD à laquelle on doit mener la parallèle proposée à partir du sommet A.

On démontre en géométrie que pour deux triangles

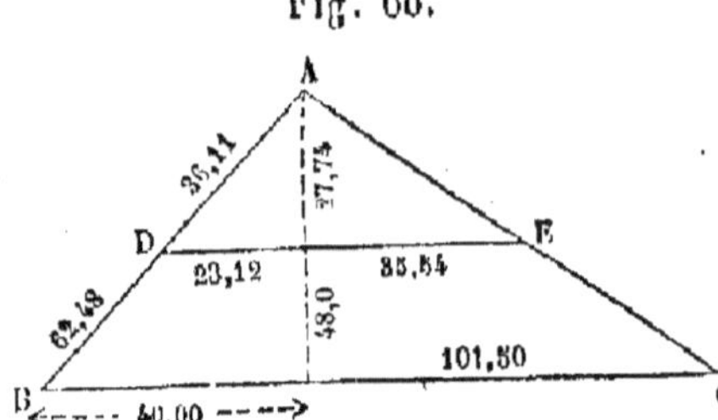

semblables tels que ABC et ADE, les contenances sont entre elles comme les carrés des côtés AB et AD.

On aura donc la proportion :

$$24^{ares},36 : 8^{ares},12 :: \overline{62,48}^{2} : \overline{AD}^{2}.$$

Mais, d'après l'énoncé du problème, on doit avoir aussi

$$24,36 : 8,12 :: 3 : 1.$$

Il s'ensuivra la nouvelle proportion

$$\overline{62,48}^{2} : \overline{AD}^{2} :: 3 : 1.$$

et en extrayant la racine carrée,

$$62,48 : AD :: \sqrt{3} : 1,$$

dans laquelle on trouve

$$AD = \frac{62,48}{\sqrt{3}} = \frac{62,48}{1,73} = 36,11.$$

C'est-à-dire qu'il faut mesurer à partir du point A une distance de 36^m,11, planter un piquet au point D, et par ce point mener une parallèle à BC, et le triangle ADE, dont la surface est de 8^{ares},12, devra être retranché du triangle ABC; il restera la partie BDEC dont la contenance sera 16^{ares},24.

93. *Partager le triangle* ABC *en trois parties équivalentes, par des lignes partant d'un point donné sur la base* BC.

Supposons que la surface du triangle ABC soit 24^{ares},36. La sur-face de chacune des trois parts sera 8^{ares},12.

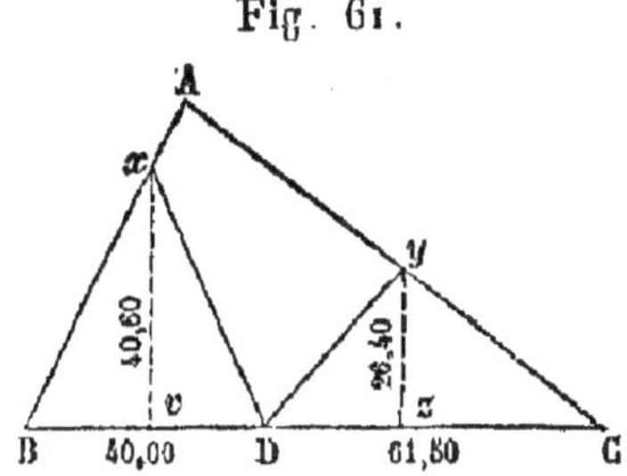

Fig. 61.

Supposons en outre que la base BC du triangle soit égale à 101^m,50 et que le point D soit placé à 40 mètres du point B, ou à 61^m,50 du point C.

Les lignes BD et DC seront les bases des triangles BxD et DyC.

On trouvera leurs hauteurs respectives en divisant leurs surfaces par la moitié de ces bases; ainsi en divisant 8^{ares},12 par la moitié de 40, on aura la hauteur xv du triangle BxD; effectuant cette division, on trouve 40^m,60.

De même si l'on divise 8^{ares},12 par la moitié de 61,50, on aura la hauteur yz du second triangle DyC; effectuant cette division, on trouve 26,40 qui sera la hauteur du second triangle.

Connaissant la valeur numérique des hauteurs de ces deux triangles, il est facile avec l'équerre d'arpenteur d'élever des per-pendiculaires sur la ligne BC qui coupent les côtés AB et AC aux points x et y de manière que la perpendiculaire xv soit égale à 40^m,60 et que la perpendiculaire yz soit égale à 26^m,40. Quelques tâtonnements sur le terrain suffiront pour déterminer les points x et y.

Ce problème trouve son application lorsqu'on veut pratiquer des sentiers Dx, Dy aboutissant à un puits commun D.

Division d'un terrain par des perpendiculaires menées sur un des côtés de la figure.

94. Lorsque le terrain que l'on se propose se diviser est susceptible de recevoir des constructions, il importe que la division soit faite à angles droits, car on sait que les angles aigus nuisent toujours à la bonne distribution d'un bâtiment. Cela posé, on propose de partager le triangle ABC en deux parties égales et à angles droits sur la ligne AB.

L'opérateur muni d'une équerre d'arpenteur se promène sur la droite AB en regardant à travers les deux premières pinnules, et il s'arrêtera au point D, où il aperçoit le point C à travers les deux autres pinnules; il aura ainsi trouvé le pied de la perpendiculaire CD. Il mesurera la base AB du triangle ainsi que la hauteur CD, et en multipliant les deux cotes qu'il aura trouvées et en prenant la moitié du produit, il aura la surface du triangle ACD.

Il devra calculer ensuite la superficie du triangle CDB, en multipliant aussi la base par la hauteur, c'est-à-dire DB par DC dont il prendra la moitié.

S'il compare cette superficie à la moitié de celle du triangle à diviser, il reconnaîtra s'il est éloigné de la portion à déterminer. Toutefois au moyen de deux proportions il pourra découvrir les dimensions de cette portion.

Soit AB $= 214,50$ et soit la hauteur DC $= 116^m,50$. La surface du triangle est égale à la moitié de AB $\times$ CD, c'est-à-dire à

$$\frac{214,50 \times 116,50}{2} = 12494^{mq},62 = 1^h,24^{ares},94^c,62.$$

Chaque portion doit donc être égale à la moitié, ci. $62^{ares},47^c,31$.

Mais la surface du triangle CDB est égale à la moitié de DB $\times$ DC, c'est-à-dire à la moitié du produit de

$$133,5 \times 116,5 = \frac{15552,75}{2} = 7776,37 = 77^{ares},76^c,37.$$

Pour avoir la différence entre la superficie de ce triangle et ce qui compose chaque portion, il faut retrancher de

$$\begin{array}{cc} & \text{arcs} \quad \text{o} \\ & 77,76,37 \\ \text{le nombre....} & 62,47,31 \\ \hline \end{array}$$

Et l'on voit que chaque moitié est surpassée de.   15,29,06

Pour connaître les dimensions de la moitié que l'on veut déterminer, on fait les proportions suivantes : 1° Si $77^{\text{arcs}},76$ portent sur BC $177^{\text{m}},00$, combien porteront sur ce même côté $62^{\text{arcs}},47$?

$$77^{\text{arcs}},76:177^{\text{m}},00::62^{\text{arcs}},47:x = 142^{\text{m}},20.$$

2° Si $77^{\text{arcs}},76$ portent sur BD $133^{\text{m}},5o$, combien porteront sur ce même côté $62^{\text{arcs}},47$?

$$77^{\text{arcs}},76:133^{\text{m}},5::62^{\text{arcs}},47:x = 107,25.$$

Il faut comparer ces nouvelles dimensions aux anciennes et en calculer la différence :

$$\begin{array}{ll} \text{BC} = 177{,}00^{\text{m}} \qquad & \text{BD} = 133{,}5o^{\text{m}} \\ \text{Oter...} \quad 142,20 & \text{Oter...} \quad 107,25 \\ \hline \text{Il reste...} \quad 34,80 & \text{Il reste...} \quad 26,25 \end{array}$$

Retranchons la moitié de ces deux différences, l'une de BC et la seconde de BD, nous aurons pour la nouvelle distance Bm

$$177 - 17,4o = 159^{\text{m}},6o$$

et pour la nouvelle distance Bn

$$133,5o - 13,12 = 120,38.$$

En joignant le point m au point n, on aura la figure mnB, qui sera la moitié du triangle ABC, lequel aura été partagé en deux parties égales par la ligne mn qui fait avec AB deux angles droits.

En effet, en multipliant Bn par mn et en prenant la moitié du produit, l'on a

$$\frac{120,38 \times 103,8o}{2} = 62^{\text{arcs}},47,$$

résultat qui justifie l'opération.

93. *Diviser un quadrilatère en quatre parties égales en travers et à angles droits.*

Soit proposé le quadrilatère ABCD.

Je mène une ligne PQ à volonté sur toute la longueur du quadrilatère, et autant que possible parallèle à la ligne AB; je la déter-

Fig. 63.

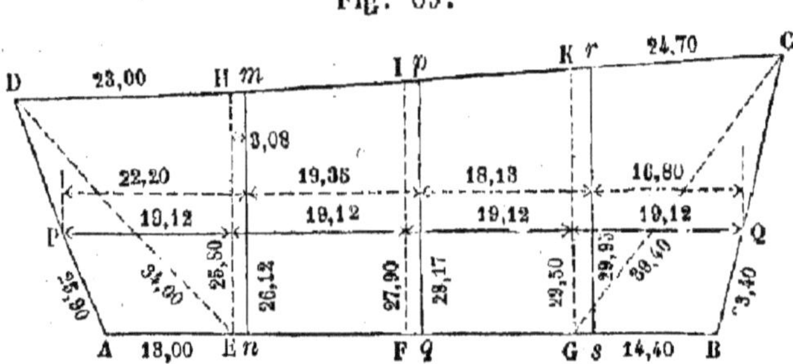

mine sur le terrain en plantant des piquets aux points P et Q; je mesure cette ligne et je prends le quart de sa longueur pour fixer par approximation les dimensions de chacune des quatre parties de la surface.

Supposons que la ligne PQ ait 76ᵐ, 48; le quart sera 19ᵐ,12, que je porte quatre fois sur PQ; par tous les points de division j'élève des perpendiculaires sur AB.

La 1ʳᵉ partie DAEH étant un quadrilatère quelconque, je le partage en deux triangles pour en connaître la surface; pour cela je mesure les lignes DA, AE, EH, HD et DE; je fais de même pour la 4ᵉ partie et je mesure les lignes GB, BC, CK, KG et CG.

Quant aux deux parties HEFI et IFGK, je mesure leurs lignes parallèles, et je multiplie leur demi-somme par leur distance, ce qui me donne leur superficie.

Toutes les mesures étant prises sur le terrain, on procède aux opérations du calcul de la manière suivante :

La 1ʳᵉ partie se compose des deux triangles DAE et DEH :

La surface du triangle DAE est égale à

$$\sqrt{\frac{72,90}{2} \times 10,55 \times 23,45 \times 2,45} = \sqrt{22093,365} = \overset{mq}{1}48, \overset{are}{7} = \overset{c}{1},49$$

La surface du triangle DEH est égale à

$$\sqrt{41,40 \times 18,40 \times 7,40 \times 15,60} = \sqrt{87937,512} = 296,54 = \underline{2,97}$$

$$\text{Superficie de la 1ʳᵉ partie.....} \quad \underline{4,46}$$

La 2ᵉ partie est représentée par le trapèze HEFI ; j'additionne les deux lignes HE et IF et je multiplie la moitié de la somme par $19^m,12$, ce qui donne

$$\frac{25,80 \times 27,90}{2} \times 19,12 = 513^m,37 = 5^{arcs},13.$$

La 3ᵉ partie est représentée par le trapèze IFGK ; j'additionne les deux lignes IF et KG et je multiplie la moitié de la somme par $19^m,12$, ce qui donne

$$\frac{27,90 + 29,50}{2} \times 19^m,12 = 548^m,74 = 5^{arcs},49.$$

Enfin la 4ᵉ partie se compose des deux triangles KGC et GBC :

La surface du triangle KGC est égale à

$$\sqrt{46,80 \times 17,30 \times 22,10 \times 7,40} = \sqrt{19682,3456}$$
$$= 363,87 = 3^a,63^c,87.$$

La surface du triangle GBC est égale à

$$\sqrt{43,60 \times 29,20 \times 4,20 \times 10,20} = \sqrt{54540,42}$$
$$= 233,53 = 2^a,33^c,53$$

La superficie de la 4ᵉ part est de... $5,97,40 = \overset{arcs}{5,97}$

En ajoutant les 4 parts on aura la superficie totale de la figure... $21,05$

Mais chaque lot devrait être le quart de cette surface, c'est-à-dire... $5,26$

Le 1ᵉʳ lot n'ayant que $4^{arcs},46$ de surface, il lui manque la différence, c'est-à-dire $5,26 - 4,46 = 0^{are},80$.

Le 2ᵉ lot n'ayant que $5^{arcs},13$ de surface, il lui manque la différence, c'est-à-dire $5,26 - 5,13 = 0^{arcs},13$.

Le 3ᵉ lot ayant $5^{arcs},49$, il a de trop l'excès de $5^{arcs},49$ sur $5,26$, c'est-à-dire, $0^{arcs},23$.

Enfin le 4ᵉ lot ayant $5^{arcs},97$, il a de trop l'excès de $5^{arcs},97$ sur $5,26$, c'est-à-dire $0^{arcs},71$.

Pour régler ces quatre lots, il faut donc restituer à ceux qui sont trop faibles ce que les autres ont en excès.

Le 1ᵉʳ quart, qui a en moins $0^{arcs},80$, devra reprendre cette superficie en parallèle sur la ligne HE du 2ᵉ quart. Mais pour trouver la largeur de la zone à ajouter, il ne faut pas se contenter de diviser cette surface par la ligne HE, attendu que celle qui doit la dépasser aura une longueur d'autant plus grande qu'elle s'éloignera plus de la ligne HE.

Pour trouver la quantité constante dont mn s'agrandira au fur et à mesure qu'elle s'éloignera de HE ou qu'elle se rapprochera de IF, je fais la proportion suivante :

Entre HE et IF il y a une différence de $2^m,10$ pour une surface de $5^{ares},13$; quelle sera la différence entre HE et mn pour une surface de $0^{ares},80$?

$$5^{ares},13 : 2^m,10 :: 0^{ares},80 : x = 0^m,32.$$

Pour avoir la longueur de mn, on ajoutera donc $0^m,32$ à la longueur de HE, ce qui donne $26^m,12$; j'additionne les deux lignes HE et mn : j'obtiens $51^m,92$ dont la moitié est $25,96$.

En divisant la surface $0^{ares},80$ par $25^m,96$, l'une de ses dimensions, le quotient exprimera la largeur de la zone qu'il faut reprendre au 2e lot pour l'ajouter au 1er. On trouve pour quotient $3^m,08$.

Ainsi, au lieu de la cote $19^m,12$ prise sur la 1re partie de PQ, il faudra prendre $19,12 + 3,08$, c'est-à-dire $22,20$, et par ce nouveau point de division l'on mènera mn perpendiculaire sur AB.

Fixation du deuxième lot.

	ares cent
La superficie du 2e lot était de..............	5,13
On lui a pris pour compléter le 1er lot........	0,80
Il ne lui reste plus que.....	4,33

et comme sa contenance doit être de $5^{ares},26$, il lui revient $5,26 - 4,33 = 0^{ares},93$.

Pour trouver la largeur de la zone qu'il faut prendre au 3e lot pour compléter le second, je suivrai la même marche que celle indiquée ci-dessus : je chercherai la quantité dont la ligne pq s'agrandira en s'éloignant de IF ou en se rapprochant de KG ; pour cela, j'établis la proportion suivante :

Entre IF et KG il y a une différence de $1^m,60$ pour une surface de $5^{ares},49$, quelle sera la différence entre IF et pq pour une surface de $0^{ares},93$?

$$5,49 : 1,60 :: 0,93 \cdot x = 0^m,27.$$

Pour avoir la longueur de *pq*, on ajoutera donc 0,27 à celle de IF, ce qui donnera 28,17.

Prenant la moyenne entre les deux lignes IF et PQ, ce que l'on obtient en les ajoutant et en prenant la moitié de la somme, on trouve 28,03; c'est par cette moyenne qu'il faut diviser la surface 0,93 pour trouver la largeur de la zone qu'il faut reprendre à la 3ᵉ part pour la donner à la seconde.

Effectuant cette division, on trouve pour quotient $3^m,31$.

La distance entre les lignes HE et IF prise sur la ligne PQ était de $19^m,12$; il faut en retrancher 3,08 d'une part, y ajouter 3,31 d'autre part, ce qui donnera une distance de 19,35 entre les deux lignes *mn* et *pq*; la ligne *pq* doit être perpendiculaire sur AB.

Fixation du troisième lot.

	ares
La superficie du 3ᵉ lot était de........	5,49
On a repris......................	0,93
Il reste.....	4,56

Sa contenance devrait être de 5,26; il lui manque donc la différence $0^{ares},70$.

En opérant comme nous l'avons fait pour les deux lots qui précèdent, nous chercherons par la proportion suivante la quantité dont la ligne *rs* augmente au fur et à mesure qu'elle s'éloigne de KG.

$$5^{ares},97 : 3,90 :: 0,70 : x = 0,45.$$

Pour avoir la longueur de *rs*, on ajoutera donc 0,45 à celle de KG et l'on aura $rs = 29^m,95$.

Prenant la moyenne entre les deux lignes KG et *rs*, on trouve

$$\frac{29,50 + 29,95}{2} = 29^m,72.$$

C'est par cette moyenne qu'il faut diviser 0,70 pour trouver la largeur de la zone qu'il faut reprendre à la 4ᵉ part pour la donner à la 3ᵉ.

Effectuant cette division, on trouve pour quotient $2^m,32$.

Je prends donc $2^m,32$ sur PQ et à partir de GK, et par ce point je mène *rs* perpendiculaire sur AB.

Pour avoir la distance qui sépare les deux lignes *pq* et *rs*, il faut de 19,12 retrancher 3,31 et y ajouter 2,32, ce qui donne 18,13; et enfin pour avoir la distance entre *rs* et CB, il faut retrancher 2,32 de 19,12 ce qui donne 16,80.

Fixation du quatrième lot.

	ares
La contenance du 4° lot était de.......	5,97
On a repris.........................	0,70
Il reste.....	5,27

qui est le quart de la superficie totale du quadrilatère.

Arpentage d'un terrain d'une grande étendue.

96. Il arrive souvent qu'il faut déterminer la contenance d'un terrain de grande étendue, et la répartir par proportions entre tous les propriétaires intéressés.

Tel, par exemple, un propriétaire cède à plusieurs fermiers une pièce de terre pour se la diviser entre eux par égales portions, ou une pièce de terre ayant appartenu originairement à un seul propriétaire, mais vendue à plusieurs, et sans garantie de la mesure; il faut nécessairement fixer la contenance de ces immeubles, avant d'en faire le règlement entre les propriétaires ou fermiers. La méthode consiste dans les détails suivants :

1° On fera le plan au moyen du graphomètre ou de la planchette (*voir* les n°ˢ 46, 47, 48, 49 et 50). On aura soin de planter des jalons aux sommets de tous les angles, et de les numéroter par ordre.

2° Si l'on opère avec le graphomètre, on décrira sur le papier, autant que faire se peut, des angles conformes à ceux mesurés; et on inscrira les mêmes numéros d'ordre des angles.

3° On mesurera tous les côtés à la chaîne, et au moyen de l'échelle de proportion on inscrira sur le papier les cotes qu'on aura trouvées sur le terrain.

4° L'arpenteur jugera sur place s'il doit former des triangles ou des quadrilatères dans la section, et il figurera ces figures sur son canevas ou sur le dessin construit sur la planchette.

5° Si les distances d'un point à un autre sont très-longues, on placera des jalons alignés sur les deux extrémités; ces jalons intermédiaires serviront à mesurer plus exactement une grande ligne, les chaîneurs étant mieux guidés dans la bonne direction.

6° Quand il s'agira d'arpenter un triangle tracé dans l'intérieur du terrain, on en mesurera d'abord la base, puis on déterminera les deux autres côtés en plantant aussi des jalons de distance en distance.

7° Si l'on a à arpenter un quadrilatère formé à l'intérieur de la section, on déterminera les quatre lignes qui le composeront en plantant des jalons, puis on les mesurera comme il a été dit ci-dissus; il restera à mesurer une diagonale qui joindra deux sommets opposés, et qui décomposera ce quadrilatère en deux triangles.

8° Il faudra écrire avec beaucoup de soin sur le plan tracé sur la planchette, ou bien sur le canevas fait pour le relevé au graphomètre, toutes les mesures prises sur le terrain, la valeur de tous les angles, et y rapporter toutes les lignes tracées à l'effet de former des triangles ou des quadrilatères.

Le terrain étant ainsi relevé à l'échelle de proportion, l'arpenteur y trouvera l'avantage de pouvoir mener des perpendiculaires sur toutes les bases des triangles, pour éviter des calculs très-laborieux.

Méthode à suivre pour l'arpentage d'un bois.

97. Pour arpenter un bois, on est souvent dans la nécessité d'ouvrir une ligne, c'est-à-dire de se frayer un chemin à travers le taillis d'un bois. Trois personnes au moins s'alignent sur elles-mêmes, et sur trois jalons plantés en ligne droite en avant de la ligne; ces trois personnes débarrassent à la serpe tout ce qui peut gêner la circulation de la chaîne. Le passage devra avoir au moins de 0^m,70 à 1 mètre de large; il conduira à un point où l'arpenteur veut qu'il se termine. Quand le taillis n'est pas épais, et qu'on peut sans peine apercevoir d'un jalon à un autre, puis traverser et mesurer avec facilité, il est inutile de se frayer un passage à la serpe; seulement trois jalons alignés sur le point de direction où une personne aura été placée, et une corde de quelques décamètres tendue sur l'alignement, feront marcher dans une même direction. On aura soin de renouveler au moins trois jalons sur la corde avant de la reporter plus loin.

S'il se présente un gros arbre qui fasse obstacle au prolongement d'un alignement, on pourra remédier à l'inconvénient de cet obstacle au moyen d'une ou de deux parallèles à l'alignement intercepté. Soit AB l'alignement proposé, et l'arbre M qui l'intercepte. Aux points m et n j'élève deux perpendiculaires que je prolonge à droite et à gauche d'une distance suffisante pour éviter l'obstacle : soit 1

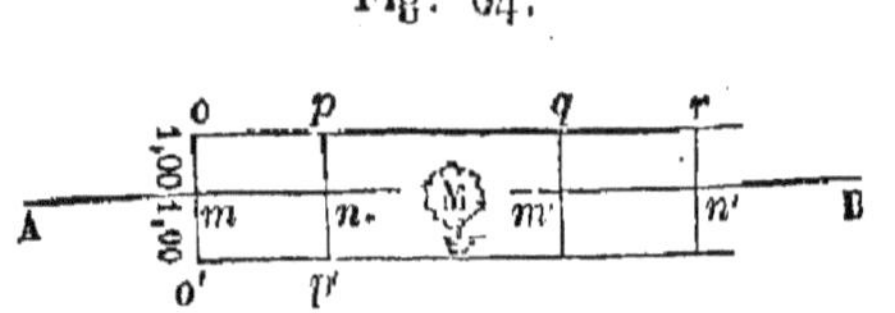

mètre cette distance. Je joins les extrémités op et $o'p'$ de ces perpendiculaires, et je prolonge indéfiniment les lignes op et $o'p'$; puis, après avoir dépassé l'arbre M, je prends à volonté deux points nouveaux q et r ; par ces points je mène deux perpendiculaires à op, que je prolonge jusqu'à la rencontre de $o'p'$, et en prenant sur ces perpendiculaires des distances de 1 mètre, je détermine les points $m'n'$ qui appartiennent à l'alignement AB, et qui servent à le prolonger indéfiniment.

98. On conçoit qu'il faut apporter un soin tout particulier dans le mesurage d'une ligne qui traverse un bois : il faut observer que la chaîne soit toujours bien tendue, et que le chef porte-chaîne qui marche par derrière, et qui dirige par conséquent le chaînage, ait toujours l'œil sur les fiches plantées en avant par son aide, afin de ne pas les perdre dans les broussailles, dans les genêts, ou dans les hautes herbes.

99. Pour faire l'arpentage d'un bois d'une étendue quelconque, il suffira de l'inscrire dans un polygone quelconque en plantant des jalons. Après avoir relevé ce polygone sur le papier, on en mesurera les côtés à la chaîne, et l'on reportera sur le dessin les cotes trouvées à l'échelle de proportion. L'arpenteur tracera les diagonales qui doivent traverser les bois, en y pratiquant des passages, si cela est nécessaire, et il mesurera ces diagonales. Il aura ainsi tous les éléments indispensables aux calculs de la superficie du bois.

Assiette d'une coupe de bois.

100. Asseoir une coupe de bois, c'est donner une superficie connue ou inconnue dans une plus grande.

Ordinairement une coupe de bois est voisine d'une précédente, et le plan de cette coupe fournit la base de la nouvelle ; le plus souvent c'est à angles droits qu'on opère; supposons qu'une précédente coupe ait une base de 400 mètres, et que l'on veut se servir de cette ligne pour y déterminer une coupe de 4 hectares. En divisant ces 4 hectares par 400 mètres, on devra donner à la nouvelle coupe 100 mètres de largeur, et à angles droits. Si les extrémités de cette nouvelle coupe n'offrent point d'angles droits, il en sera formé un depuis la base jusqu'à la hauteur de 100 mètres, et sur ces 100 mètres de largeur on mènera des rayons aux angles pour composer des triangles.

On jalonnera la base de la nouvelle coupe; on se portera de distance en distance pour y élever des perpendiculaires de 100 mètres, et à l'extrémité de ces perpendiculaires il sera planté des jalons; il restera ensuite à ouvrir la ligne parallèle à la base. Quand la coupe à asseoir doit entamer un bois, on n'a qu'à fixer une base de la largeur qu'on veut donner à la coupe; de cette base on mènera sur la longueur de la coupe deux perpendiculaires, l'une à droite, l'autre à gauche, lesquelles seront proportionnées en raison de la superficie qu'on veut donner à cette coupe. S'il se trouve, au delà d'une perpendiculaire et au-devant de la base de largeur, quelques sinuosités, il faut mener des diagonales aux angles, puis en former des triangles. Le bout de la coupe opposé à la base, s'il n'est pas à angles droits, sera aussi décomposé en triangles jusqu'à l'angle droit qui y sera formé pour la jonction des deux perpendiculaires de longueur.

Assiette d'une coupe de bois pour la vente par parcelles ou en détail.

101. Asseoir une coupe de bois pour une vente en détail, c'est diviser un tout en plusieurs parties égales ou inégales.

Cette coupe, dont on doit connaître par approximation la contenance, sera percée d'outre en outre par une ligne d'enfoncement ou de base, pratiquée au centre. Après avoir mesuré cette ligne, on la divisera par le nombre de parcelles qui devront y aboutir, afin d'avoir la longueur ou la largeur de chaque parcelle; cette longueur ou cette largeur sera ensuite mesurée et marquée par des piquets ou des jalons; à chaque piquet on élèvera une perpendiculaire, on plantera deux jalons d'indication pour pouvoir prolonger chaque perpendiculaire en faisant une percée dans la traversée de la coupe. Connaissant la longueur d'une parcelle et la contenance à lui donner, il est aisé d'avoir sa largeur par la division de la superficie par la base ; on se portera sur les trois perpendiculaires voisines, pour y mesurer la largeur de chaque parcelle, et à chaque extrémité on plantera un jalon d'indication pour pouvoir faire des percées parallèles à la base jusqu'au haut de la coupe ; après avoir enlevé ces trois percées, on en mesure trois autres, et ainsi de suite jusqu'à épuisement. Toutes les parcelles qui ne formeraient pas un carré ou un parallélogramme, seront mesurées particulièrement pour déterminer leurs contenances.

Quand une percée est terminée, et que les parcelles sont fixées, on porte la chaîne sur les dernières lignes parallèles à la base, qui formeront la coupe, afin de s'assurer si les angles droits des perpendiculaires sont à égale distance l'un de l'autre ; on aura soin d'annoter cette distance sur le canevas, pour déterminer la superficie des parcelles plus ou moins larges.

Toutes les parcelles seront ensuite numérotées par ordre, pour faciliter la vente et pour mettre à même les adjudicataires de reconnaître l'objet de leur acquisition.

Récolement d'une coupe de bois.

102. Faire le récolement d'une coupe de bois, c'est faire un nouvel arpentage de la coupe pour s'assurer si la superficie vendue est telle qu'elle a été indiquée, et faciliter par là au vendeur et au marchand les moyens de se rendre compte de la différence de contenance, si l'on en trouve.

Quand on fait un récolement, on arpente ordinairement sur une autre base que celle qu'on avait adoptée pour asseoir la coupe.

De l'action en bornage.

103. Tout propriétaire peut obliger son voisin au bornage de leurs propriétés contiguës ; cette disposition de la loi reçoit son application à l'égard de l'État, des communes et des établissements publics.

104. L'action en bornage dérive des mêmes principes que l'action en partage : personne n'étant obligé de rester dans l'indivision, personne aussi n'est obligé de laisser indécise la ligne qui doit séparer son héritage de l'héritage voisin.

105. Comme l'action en partage, l'action en bornage est imprescriptible : ainsi, de même qu'on peut demander en tout temps de sortir de l'indivision, de même on peut toujours demander à faire fixer les limites des deux héritages.

106. L'objet de l'action en bornage peut être, ou de faire planter des bornes dans l'état des limites actuelles des deux propriétés, ou de faire déterminer en même temps ces limites; il ne faut pas confondre le bornage simple et le bornage avec délimitations.

107. Ainsi le bornage ne doit en général être fait que dans l'état de la possession actuelle des parties, et c'est de là que la loi veut que l'action en bornage ne vienne qu'après celle de la possession.

Il n'y a lieu à arpentage pour déterminer où doivent être posées les bornes, qu'au cas de revendication de la part de l'un des deux propriétaires, c'est-à-dire que lorsque l'un allègue des anticipations, et que l'autre n'oppose pas la prescription.

108. Mais pour qu'il y ait lieu à l'action en bornage, il ne suffit pas qu'il y ait voisinage, il faut encore qu'il y ait contiguïté; car si deux héritages sont séparés par la propriété d'un tiers, il n'y a plus lieu à bornage entre eux.

109. Ainsi l'existence d'une rivière navigable ou flottable, d'un chemin ou de tout autre objet placé dans le domaine public ou municipal, empêche la contiguïté; dans ce cas, chacun des héritages est plus proche de la rivière ou du chemin que l'héritage voisin.

110. Mais un sentier privé, un simple ruisseau, un ravin dont l'emplacement fait partie des fonds qu'ils abordent ou traversent, ne serviraient de limite qu'autant qu'ils seraient déclarés ou reconnus tels, par les titres de l'une ou de l'autre des parties, ou suivant les principes en matière de possession ou de bornage.

111. L'existence de bornes non soutenues par titres ou possession suffisante ne serait pas un obstacle à l'action en bornage, car personne n'a le droit de se borner soi-même.

112. Que doit-on décider par rapport aux bornes naturelles, telles que haies vives, épines, vieux bois, etc? Quand même de pareilles bornes seraient énoncées dans les titres et existeraient

de temps immémorial, elles ne font point obstacle à la demande en bornage, qui a pour objet de constater d'une manière immuable la délimitation.

113. Si un mur avait été construit sur les confins de deux héritages, s'il formait séparation, il tiendrait par cela même lieu de bornage, à moins qu'il n'ait été construit par anticipation, auquel cas il ne détruit pas l'action en revendication.

114. Terminons par faire remarquer que le bornage a lieu non-seulement pour séparer deux propriétés, mais aussi pour marquer la limite de l'exercice d'un droit de servitude, tel, par exemple, que celui attaché aux places de guerre.

115. L'action en bornage peut être intentée, non-seulement par le propriétaire, mais encore par toute personne qui possède pour lui, sans que le voisin puisse exiger la preuve de son droit de propriété, la possession le faisant présumer propriétaire.

116. Elle peut l'être par l'emphytéote, par l'usufruitier, qui ont un droit réel; il est alors de la prudence de mettre le propriétaire en cause, parce qu'à l'expiration de la jouissance de l'emphytéote ou de l'usufruitier, le bornage ne pourrait lui être opposé.

117. Si le propriétaire intentait lui-même l'action en bornage, il devrait aussi mettre en cause l'usufruitier, pour que l'opération puisse lui être opposée.

118. Ce n'est également que contre les propriétaires ou possesseurs de l'espèce dont j'ai parlé, que l'action en bornage peut être utilement provoquée. Une pareille action touche essentiellement au droit de propriété; elle a pour objet d'en déterminer l'étendue.

119. Sont compris sous ce nom de propriétaires ceux dont le titre est résoluble, mais dont les droits ne sont pas moins entiers, tant que ce titre subsiste.

120. Le mari n'a pas qualité pour intenter seul l'action en bornage des biens de sa femme; du moins ce qui serait décidé contre lui ne devrait pas être censé décidé contre sa femme.

121. Le fermier qui n'a pas le droit d'intenter l'action en bornage, peut se pourvoir contre son bailleur, et conclure à ce qu'il soit tenu de faire cesser le trouble qu'il éprouve dans sa jouissance, de la part du voisin, en faisant borner l'héritage tenu à ferme.

122. Le tuteur peut-il intenter l'action en bornage sans l'autorisation du conseil de famille? Il faut décider l'affirmative par la raison que, comme on l'a vu ci-dessus, cette action tient au droit de propriété.

123. Le bornage peut être demandé par un particulier contre une commune ou une communauté, ou un établissement public, ou même contre l'État, et *vice versâ*.

124. Il arrive quelquefois que la demande en bornage entre deux personnes occasionne ou nécessite la même opération entre un plus grand nombre; par exemple, lorsque le premier propriétaire d'une plaine demande le bornage à son voisin, et que ni l'un ni l'autre ne se trouvent avoir l'étendue du terrain portée dans leurs titres, on mesure le terrain du troisième, du quatrième propriétaire, et ainsi de suite, s'il est nécessaire, jusqu'à l'extrémité de la plaine.

Mais il est évident que l'opération ne peut être d'aucun effet contre ces propriétaires s'ils ne sont mis en cause et s'ils n'y acquiescent.

Manière de faire le bornage.

125. Le bornage peut être fait conventionnellement aussi bien que par la voie judiciaire : tel était le droit commun; mais suivant quelques auteurs le bornage devrait toujours avoir lieu judiciairement.

126. Ce qui est dit, au reste, suppose qu'il n'est pas permis à un propriétaire d'effectuer seul le bornage; les bornes qu'il placerait ainsi pourraient être arrachées par les voisins sans qu'il y eût délit.

127. Le bornage conventionnel se fait de la manière que les parties maîtresses de leurs droits le jugent convenable. Il convient néanmoins de le constater par acte notarié, plutôt que par acte privé; c'est un titre de propriété.

128. Aussi, lors même qu'on a recours à des amiables compositeurs, est-il d'usage de convenir que le procès-verbal de bornage sera déposé pour minute à un notaire; tout pouvoir est donné à cet effet aux arbitres.

129. Ce que nous avons dit de la faculté qu'ont les parties d'agir d'un commun accord s'applique au bornage des forêts de l'État, de la Couronne, des communes et des établissements publics.

130. Il y a lieu au bornage judiciaire, non-seulement lorsque les parties ne sont pas d'accord, mais lorsqu'elles sont incapables de contracter, comme lorsqu'il s'agit de mineurs ou d'interdits.

131. L'action en bornage est une action ordinaire qu'il faut, comme l'action en partage, porter devant le tribunal de la situation des biens, après l'essai de conciliation dont on est dispensé s'il y a des mineurs intéressés dans la demande.

132. Lorsqu'il y a un déplacement de bornes, l'action, si elle est intentée dans l'année, peut être portée devant le juge de paix; c'est alors une action possessoire.

133. Si on laissait passer l'année sans intenter l'action, on ne pourrait plus se pourvoir qu'au pétitoire, parce qu'il s'agit alors, non plus de la simple possession, mais de la propriété du terrain; il n'y a dans ce cas qu'un moyen de saisir régulièrement le juge de paix, c'est celui qu'offre l'article 7 du Code de Procédure.

134. Toutefois, il a été décidé qu'un juge de paix est compétent pour ordonner à l'occasion et par suite d'une action possessoire pour usurpation de terre intentée dans l'année, que des bornes seront placées pour déterminer la ligne séparative de deux héritages, qu'il ne cumule point en cela le pétitoire et le possessoire.

Il est évident que dans ce cas la plantation des bornes ne peut avoir que des effets relatifs à la possession et nullement quant à la propriété, d'où il résulte que celui contre qui elle est ordonnée, pourrait se pourvoir au pétitoire par action nouvelle, pour faire ordonner un bornage définitif et différent du premier en prouvant sa propriété.

135. Tout bornage doit être fait par des experts arpenteurs, entre les mains desquels les parties doivent remettre de bonne foi les titres et renseignements respectifs.

136. Lorsque ces experts sont choisis volontairement par des parties capables de contracter et de disposer de leurs biens, leur mission est ordinairement déterminée par l'acte de nomination ou par les pouvoirs qu'ils reçoivent; alors presque toujours cette mission a des rapports assez directs avec l'arbitrage.

137. Mais lorsque ces experts sont nommés par le tribunal, sur la demande d'une des parties contractantes qui se refuse au bor-

nage, ou lorsque les divers intéressés, en se conciliant sur cette demande, n'ont donné aux experts d'autre mission que de faire l'examen des titres respectifs, et de les borner d'après les énonciations de ces actes, leur opération est circonscrite dans ces limites.

138. Si dans ce dernier cas il s'élève quelque question préjudicielle, quelque prétention de possession de la part d'une partie contre les titres de son voisin, ou même au delà de ses propres titres, les experts doivent renvoyer les parties à faire statuer par le tribunal, dont ils exécuteront ensuite le jugement.

139. Quant à la manière d'opérer des experts, nous ferons d'abord deux observations : la première, lorsque l'étendue des héritages n'est devenue incertaine que parce qu'il n'existe plus de signes suffisamment reconnus de part et d'autre, si les titres que les parties remettent entre les mains des experts déterminent d'une manière claire et précise les propriétés respectives et les limites faciles à reconnaître, telles que des sentiers, des ruisseaux, des tertres, des rideaux, etc., il n'y a aucune difficulté, à moins qu'on ne soit pas d'accord sur l'identité. Il faut nécessairement la constater avant tout; il faut aussi s'assurer que le fonds dont il s'agit est le même que celui dont parle le titre qu'on veut y appliquer; que celui qui le possède à l'instant qu'on opère, le tient de ceux qui le possédaient lorsque le titre a été fait : il ne nous semble pas qu'il soit besoin de faire ordonner une enquête par le tribunal pour constater par témoins cette identité.

Les experts ont le droit d'entendre à ce sujet les indicateurs convenables. Le travail sur l'identité fait évidemment partie de leur mission; si l'un des intéressés avait à s'en plaindre, il pourrait user des voies de droit contre leur opération.

140. Remarquons à ce sujet que les limites des bois joignant d'autres héritages sont quelquefois difficiles à établir à défaut de loi sur ce point. D'après le droit commun, les accrues de bois sur les héritages voisins et les places ou lisières vagues laissées incultes au delà de leur plant, en sont une dépendance, s'il n'y a borne ou possession contraire; et pour que le bois acquière les accrues, il faut qu'il n'en soit point séparé par fossés, bornes, petits murs ou autres signes.

141. Si les bornes avaient été placées en vertu d'un titre com-

mun et contesté, et quoique, par erreur, elles ne se trouvassent plus; si, par exemple, un partage entre deux personnes accordait à chacune six hectares dans une pièce de terre de douze hectares, et que par la position des bornes, l'une se trouvât jouir de sept hectares, l'autre de cinq, l'erreur devrait être rectifiée, à moins que le possesseur des sept hectares ne fît valoir la prescription de trente ans.

142. En général le bornage ne doit pas donner plus de terrain que ne porte le titre; car il n'est pas attributif, mais seulement déclaratif de la propriété, c'est-à-dire de la contenance.

143. Les titres ne servent que pour ce qu'ils expriment déterminément.

144. Par exemple, si un acte porte qu'une pièce contient quinze à vingt ares, ce n'est un titre que pour quinze ares; au delà il annonce une incertitude que la possession peut seule fixer. Il n'est pas, à la vérité, contraire à la possession de seize, dix sept, vingt; mais il n'en établit pas le droit; il n'exclut pas la propriété de plus de quinze ares, mais il ne la donne pas.

145. Si le titre de l'un lui attribuait une quantité déterminée sans équivoque, et que l'une n'en eût qu'une environ, ce serait au premier qu'il faudrait commencer à parfaire la mesure.

146. A plus forte raison, si l'un a des titres qui fixent l'étendue de sa portion, tandis que l'autre n'en représente pas, il faut faire la mesure énoncée aux titres.

147. Il ne faut pas perdre de vue que les tertres, rideaux, fossés, haies, sentiers ou autres passages qui ne sont pas publics, font partie des propriétés qu'ils entourent ou traversent, et par conséquent que leur étendue doit compter dans celle du terrain pour moitié à chacun de ceux entre lesquels ils sont mitoyens, et pour la totalité à celui à qui ils appartiennent exclusivement.

148. Si une propriété touche de quelque côté, soit à la mer, soit à un fleuve, l'arpentage ne doit pas, dans le premier cas, comprendre le rivage, et dans le second, l'espace qui est habituellement occupé par les eaux, non plus que les berges, chaussées et digues.

149. Remarquons encore que lorsque ce sont d'anciens titres qu'il faut appliquer, la mesure qu'ils expriment doit toujours s'entendre de celle qui était en usage dans le lieu de la situation des biens.

150. Lorsque les titres désignent des limites bien précises, et qui rendent peu probable une anticipation, il semble qu'on doit décider d'après ces signes apparents plutôt que d'après la contenance qui est indiquée presque toujours dans les actes d'une manière incertaine, et pour ainsi dire par l'aperçu des contractants; à plus forte raison doit-on maintenir celui qui, renfermé dans ses limites, n'a rien de plus que ce que lui donne son titre, quoique le voisin ne possède pas tout ce que lui attribue le sien.

151. A l'appui des titres, ou pour les expliquer, l'existence d'anciennes marques que l'opinion générale, de fortes présomptions, ou quelques signes caractéristiques font considérer comme déterminant les limites des héritages respectifs, peut servir de base à l'opération des experts.

152. Lorsque les quantités énoncées aux titres excèdent l'étendue des terrains réunis des parties qui procèdent au bornage, sans qu'on puisse opposer à l'une d'elles qu'elle a laissé usurper par des étrangers, ou que de toute autre manière elle a diminué sa portion, chacun des intéressés doit alors être restreint proportionnellement.

153. Par exemple si les terrains réunis ne contiennent que six hectares, et que les titres de l'un lui en donnent six, et les titres de l'autre trois, le premier doit être réduit à quatre hectares et l'autre à deux.

154. Il faudrait faire la même règle de proportion pour partager le profit, dans le cas où les terrains réunis excéderaient la contenance portée aux titres. Par exemple, ces terrains étant de six hectares, les titres de l'un lui donnent trois hectares, ceux de l'autre ne lui en donnent que deux, il reste un hectare à partager dans la proportion de trois à deux. On divise cet hectare en cinq parties, pour en donner trois au premier et deux au second.

155. Quelquefois et suivant les circonstances, on oblige le propriétaire de la plus forte portion à faire aux autres qui ont des portions plus petites, leur mesure entière, telle que leurs titres la leur accordent, ou l'on partage l'entière tenue du terrain suivant une règle de proportion qui fasse perdre à chacun en rapport avec ses titres.

156. Néanmoins lorsqu'il y a de la différence entre les titres

des deux voisins, la règle qui a pour cause la meilleure possession donne l'avantage à ceux du possesseur.

157. Il peut arriver que les titres des deux voisins ne fixent point l'étendue de leurs portions. Il faut alors partager également et par moitié, toujours en supposant qu'il n'y ait pas de possession contraire bien caractérisée.

158. Lorsqu'il n'y a de titres de part ni d'autre, la seule possession doit faire la règle.

159. La plantation des bornes doit être faite de manière qu'elles ne puissent facilement disparaître ou devenir incertaines, et il doit en être dressé un procès-verbal assez bien circonstancié pour que, lors même que les bornes seraient enlevées, on puisse reconnaître l'endroit où elles avaient été placées.

160. On entend par bornes, en général, toute séparation naturelle ou artificielle qui marque les confins ou la ligne de division de deux héritages contigus.

161. Ainsi on peut planter des arbres ou une haie pour servir de bornes, creuser un fossé, élever un talus, un mur.

162. Mais on entend communément par bornes des pierres plantées debout et enfoncées en terre aux confins de deux héritages.

163. Quelquefois on plante à chaque extrémité des confins deux pierres réunies pour leur donner le caractère de bornes; d'autres fois on n'en plante qu'une seule et pour la mieux caractériser on brise une brique, ou l'on fend une pierre en deux morceaux que l'on réunit, puis on les place au-dessous de la borne; on appelle ces deux morceaux des témoins, parce qu'ils servent à distinguer la véritable borne des pierres que le hasard ou la malice pourrait placer au delà ou en deçà.

Enfin souvent on se contente de placer deux pierres de moindre grosseur aux deux côtés de la pierre bornale pour lui servir de témoins.

Ce sont ces circonstances qu'il importe surtout de mentionner dans le procès-verbal, où l'on ne doit pas omettre non plus de donner les dimensions de la pierre bornale.

164. Remarquons que les pierres, pièces de bois ou autres objets semblables employés à former des bornes, n'étant pas, comme les haies ou fossés, de nature à entourer l'héritage et à suivre les

divers angles qu'il fait, il est convenable de les établir de manière que la démarcation soit fixée par une ligne droite d'une borne à l'autre.

Si l'inégalité du terrain ou sa trop grande étendue empêchait que de l'une des bornes on pût apercevoir l'autre, on en placerait une troisième dans un point d'où l'on pût apercevoir les deux autres.

165. Lorsque des fossés, des sentiers ou des haies tiennent lieu de bornes, l'usage en détermine la largeur et la profondeur; dans la règle ces objets sont mitoyens : c'est le milieu du fossé, du sentier, ou de la haie qui forme la limite, et doit être considéré comme le véritable point de démarcation.

166. Les arbres, lorsqu'ils servent de bornes, doivent être clairement désignés, et leur propriété est réglée suivant les principes exposés.

Questions de possession ou de propriété qui peuvent s'élever.

167. Lorsqu'il est reconnu par le mesurage que l'un des voisins a plus que l'étendue portée dans ses titres, et que l'autre en a moins, on doit parfaire ce qui manque à celui-ci par ce que l'autre a de plus.

168. Mais il peut se faire que l'une ou l'autre des parties prétende que l'opération du bornage doit être faite conformément à la possession actuelle, et non d'après les énonciations des titres. Cette prétention est admissible, si celui qui possède au delà de ses titres depuis le temps requis par l'art. 2262 du Code civil pour prescrire, a droit d'être maintenu dans la propriété de cet excédant, quoique son adversaire ne jouisse pas de tout ce que lui donnent les siens, ou mêmes des titres communs.

169. Il importe peu qu'il existe des bornes anciennes ou des limites certaines. La prescription qu'on peut opposer contre les titres l'emporte, à plus forte raison, sur des signes qui ne sont que des présomptions. Il est naturel de croire que la possession trentenaire résulte d'échanges dont les actes ont pu disparaître, ou de conventions verbales que cette exécution pendant trente ans a précisément pour objet de sanctionner.

170. Toutefois, pour que la possession ait l'effet de détruire des

titres récents et précis, elle ne doit être ni incertaine ni équivoque : telles seraient les anticipations presque insensibles que les voisins font respectivement sur leurs héritages limitrophes et de même culture, et lors du labourage, du sciage des blés ou de la fauchaison, elles sont très-difficiles à apercevoir, à moins qu'elles ne soient considérables, et ne doivent point tirer à conséquence pour la prescription ; la possession que l'on acquiert à leur faveur ne doit commencer à courir que du jour de la contradiction ; elle est équivoque, et on peut dire même presque clandestine, parce qu'il est difficile de bien se rappeler chaque année jusqu'à quel point précis on a pu prolonger ses sillons ou faucher l'année précédente : quelques sillons peuvent être usurpés par le voisin, sans que le propriétaire s'en aperçoive.

Cette remarque s'applique plus particulièrement aux terrains déclos ou incultes, sur lesquels les parties n'auraient exercé que des actes de pacage, passage ou autres de même nature.

171. Il n'est pas interdit aux juges d'employer, pour lever l'incertitude et reconnaître les véritables droits des parties, d'anciens procès-verbaux d'arpentage des cadastres, des plans non suspects, à défaut de renseignements plus exacts.

172. Lorsqu'il n'existe point de titres capables de déterminer l'étendue des deux propriétés contiguës, ou au moins d'une d'elles, il n'est pas indispensable que cette possession ait duré le temps nécessaire pour prescrire. Le seul fait de son existence pendant un an sans trouble, l'établit suivant l'article 2230 du Code civil ; et cet effet serait le même, encore que la possession eût moins d'un an, si le voisin ne prouvait pas l'usurpation.

173. Celui qui a consenti à ce que le bornage ait lieu d'après les titres respectifs, ou qui laisse juger, peut-il ensuite et pendant le cours de l'arpentage prétendre quelque chose au delà de ce que ses titres indiquent ?

Le bornage dans les limites déterminées par les titres, l'arpentage d'après les quantités qu'ils déterminent, sont la règle ; la prétention d'avoir acquis au delà par prescription, voilà l'exception. Il est libre à chacun de renoncer à l'invoquer ; cette renonciation n'a pas besoin d'être expresse, il suffit qu'elle résulte d'un fait qui suppose l'abandon du droit acquis, conformément à l'art. 2221 du Code civil.

Remarquons au reste que, lorsque les parties ne se trouvent plus d'accord sur les bases du bornage, les opérations des experts doivent en général être suspendues jusqu'à ce que les tribunaux aient statué.

Des frais de bornage et des fruits à restituer.

174. Le bornage se fait à frais communs.

175. Toutefois deux choses sont à remarquer : 1° la proportion dans laquelle les frais doivent être supportés, est celle de l'étendue de chaque propriété ; autrement le propriétaire d'une portion considérable de terrain pourrait ruiner son voisin, qui n'en aurait qu'une très-petite partie, en lui faisant supporter la moitié des dépens ; 2° s'il s'élève des incidents sur la demande en bornage, ils doivent subir le sort de tous les procès dont les frais sont supportés par celui qui succombe.

176. Lorsque le bornage avec l'Administration forestière est remplacé par des fossés de clôture, les frais sont supportés en entier par la partie requérante, et pris sur son terrain.

177. Les frais sont supportés en entier par le Gouvernement pour le bornage des propriétés soumises d'avec celles non soumises à la servitude des places de guerre.

178. Celui à qui l'arpentage ou bornage a enlevé quelque portion de terrain dont il jouissait précédemment, ne doit restituer que les fruits perçus depuis que l'action est intentée, à moins qu'il n'ait anticipé de mauvaise foi, auquel cas il devrait les dommages-intérêts résultant de son entreprise, et en outre les revenus depuis son anticipation.

Du déplacement des bornes.

179. Les déplacements de bornes donnent lieu à une action possessoire qui doit être intentée dans l'année devant le juge de paix (Code de Procédure, 3).

180. Ils donnent lieu aussi à une action correctionnelle (Code pénal, 456).

Les Romains voyaient les déplacements de bornes d'un œil beaucoup plus sévère. On trouve dans le Digeste un titre tout entier sur le déplacement des bornes qui contient des peines capitales, telles que le bannissement, la condamnation aux travaux publics et le fouet. Ceci n'a rien d'étonnant quand on réfléchit que ce peuple législateur avait fait un dieu du bornage, sous le nom du dieu Terme, qui couvrait de sa protection les propriétaires fonciers; en sorte que, dans ce système de législation, arracher une borne, c'était commettre un délit tout à la fois religieux et civil ; c'était offenser les hommes et les Dieux. Plusieurs de nos Coutumes contenaient aussi des dispositions sévères et quelquefois semblables à celles des lois romaines.

Ce qui est dit, au reste, ne s'applique qu'à des bornages placés régulièrement et pour servir de limite à deux héritages.

Telle est la législation actuelle sur l'action au bornage enseignée par MM. Toullier, Duranton, Pardessus et autres jurisconsultes savants.

Bornage conventionnel.

181. Les propriétaires, au lieu d'avoir recours à un expert arpenteur, peuvent se borner eux-mêmes en présence et de l'agrément de leurs voisins, dresser de leurs opérations un acte sousseing privé ou notarié qui les mettra à l'abri pour toujours de tout trouble dans la possession des immeubles ainsi bornés, puisqu'ils seraient à même d'en reconnaître en tout temps l'étendue et les limites.

182. Ce bornage pourra ensuite s'insérer, sans plus grands frais, dans les actes publics, même pour tous les genres de mutations ; on ne serait tenu qu'à garantir aux tiers propriétaires les dimensions exprimées dans ces actes. On a fait la remarque que le plus souvent les parties ne donnent dans leurs actes la désignation de leurs immeubles que d'une manière tout à fait inexacte par une déclaration qu'elles font aux notaires sans la représentation d'aucuns titres de propriété. Ces notaires ne sont en cela aucunement répréhensibles, puisqu'ils sont obligés de recevoir ces déclarations telles qu'elles leur sont faites ; mais pour les parties qui contractent, en agissant ainsi, elles ne se mettent pas à l'abri des procès qui peuvent arriver par l'effet de ces mauvaises énonciations, et le tiers détenteur n'a pour lui qu'un titre bien chancelant, si la mesure exprimée dans ce titre ne lui est pas garantie. Il serait à désirer, dans l'intérêt de tous, qu'il en

fût autrement à l'avenir. Une loi qui interviendrait sur cette matière serait un grand service de plus rendu au pays.

Le Cadastre a bien mesuré et classé nos propriétés pour la répartition des impôts ; il existe bien dans chaque commune, à la mairie, le plan figuré de son terroir, des états de section et une matrice cadastrale sur laquelle on peut reconnaître ce que chaque propriétaire possède ; il a encore laissé une lacune.

Il manque un plan particulier de chaque immeuble avec sa contenance, sa situation, ses limites avec portées de chaînes d'un angle à l'autre ; et cependant il eût servi aux habitants de cette commune de procès-verbal général d'arpentage et de bornage.

Ou sans faire de plan particulier sur un autre registre, les géomètres du Cadastre se seraient occupés de relever par ordre de numéros les dimensions de chaque parcelle et de les faire approuver par la signature des propriétaires voisins, apposée sur ce même registre ; on serait arrivé à un bornage général duquel il n'était plus permis de s'écarter sans qu'on s'en aperçût aussitôt. Voilà les bienfaits que les habitants des campagnes attendaient du Cadastre. Elle serait admirable la loi qui ordonnerait la confection de ce registre, qui resterait déposé à la mairie pour que chacun y puisse avoir recours au besoin.

Nous terminerons cet opuscule en donnant le modèle de l'acte à rédiger pour un bornage conventionnel.

Modèle d'un procès-verbal de bornage conventionnel.

Par-devant, etc.

Fut présent :

Le sieur A..., propriétaire demeurant à
lequel a dit que cejourd'hui, en la présence et avec l'agrément de 1° le sieur B....; 2° le sieur C....; 3° le sieur D....; 4° le sieur E....; 5° le sieur F...., tous cinq voisins de la propriété ci-après désignée, il a procédé ou a fait procéder au bornage et à l'arpentage d'une pièce de terre labourable qui lui appartient au terroir de   lieu dit   qui contient cinq angles et une superficie de   ares   centiares, et dont les limites tiennent aux propriétés des sus-nommés, savoir : à celle du sieur B.... par   mètres de longueur ;

à celle du sieur C.... par   mètres de longueur ; à celle
du sieur D.... par   mètres de longueur.

A chaque angle il a posé une pierre bornale, et des cailloux
pour témoins.

Il a aussi mesuré l'éloignement des angles opposés par des diagonales, afin de s'assurer de l'immuabilité des bornes.

La première diagonale a été menée du sommet de l'angle qui
est entre les sieurs B.... et D.... à celui qui est entre les sieurs
E.... et F.... ; elle contient   mètres.

La seconde a été menée du sommet de l'angle qui est entre les
sieurs B.... et D...., à celui qui est entre les sieurs F.... et
C...., etc.

De tout ce que dessus a été rédigé le présent acte pour servir
au sieur A...., ce que de raison, en présence desdits voisins, qui
tous ont déclaré consentir au bornage et à l'arpentage mentionné
audit acte.

       Dont acte
     fait et passé, etc.

Des mesures agraires anciennes et nouvelles.

183. Les anciens titres des propriétés expriment les surfaces
agraires sous leur ancienne dénomination ; dans certains pays c'était
l'arpent, dans d'autres on comptait par *jour de terre*, ou bien par
aire, etc., etc. Mais les éléments de ces mesures aussi variées
étaient toujours la toise et le pied.

Ainsi l'arpent des eaux et forêts était composé de 100 perches,
et chaque perche était un carré de 22 pieds de côté ; il contenait
48 400 pieds carrés.

L'arpent de Paris était aussi composé de 100 perches, mais
chaque perche était un carré de 18 pieds de côté ; il contenait
32 400 pieds carrés, ou 900 toises carrées. Cet arpent est donc
équivalent à un carré de 30 toises de côté.

On appelait dans certaines localités *un jour de terre* la surface
de terrain qu'un attelage pouvait labourer en un jour ; d'où il suit
que les dimensions de cette mesure n'étaient pas les mêmes pour
deux communes limitrophes.

184. On conçoit qu'en présence d'un nombre illimité de mesures si variées, l'intérêt bien entendu des propriétaires exigeait l'adoption pour toute la France d'une unité métrique de mesure agraire.

185. On a donné à cette unité métrique le nom d'*are*; sa sur-. face est celle d'un carré de 10 mètres de côté, qui comprend 100 mètres carrés.

Les multiples de l'are sont l'hectare et le myriare; le sous-multiple est le centiare.

La surface d'un hectare est celle d'un carré de 100 mètres de côté, qui comprend 10000 mètres carrés.

La surface d'un myriare est celle d'un carré de 1000 mètres de côté, qui comprend 1000000 de mètres carrés.

Enfin la surface du centiare est celle d'un carré de 1 mètre de côté, qui comprend 1 mètre carré.

Si l'on jette un coup d'œil sur ces diverses mesures, on voit qu'elles sont 100 fois plus grandes les unes que les autres; ainsi : un are vaut 100 centiares; un hectare vaut 100 ares; un myriare vaut 100 hectares.

Il suit de là que lorsque l'on aura calculé une surface en multipliant l'une par l'autre ses deux dimensions exprimées en mètres, il sera facile d'exprimer cette surface en myriares, hectares, ares et centiares, puisque l'opération se réduira à partager le nombre en tranches de deux chiffres en allant de droite à gauche.

Supposons que les deux dimensions d'une propriété soient représentées par les nombres 32456 mètres et 10842 mètres.

La surface sera égale au produit de ces deux nombres

$$32456 \times 10842 = 351\,887\,952.$$

Pour énoncer ce nombre en unités agraires, il faut le partager en tranches de deux chiffres en allant de droite à gauche ; la 1re tranche exprimera des centiares, la 2e des ares, la 3e des hectares, et la 4e des myriares, et nous aurons $351^{myr}, 88^{hect}, 79^{ares}, 52^{cent}$.

186. Les arpenteurs peuvent souvent être embarrassés dans leurs opérations, lorsqu'il s'agit de faire des comparaisons entre les nouvelles mesures et les anciennes. C'est pour lever toutes les difficultés qui peuvent se présenter que nous allons traiter cette question.

Le problème est celui-ci : *Transformer les anciennes mesures en nouvelles, et réciproquement transformer les nouvelles mesures en anciennes.*

La solution de ce problème comporte une règle générale : *Les dimensions des anciennes mesures étant toujours exprimées en toises et en pieds, il suffira de les transformer en mètres; et réciproquement les dimensions des nouvelles mesures étant toujours exprimées en mètres, il suffira de les transformer en toises, et d'effectuer toutes les multiplications exigées par la nature des différentes mesures.*

Nous allons montrer comment on peut transformer des toises en mètres, et réciproquement des mètres en toises.

187. L'unité de longueur, à laquelle on a donné le nom de *mètre*, est la dix-millionième partie de la distance du pôle à l'équateur, comptée sur le méridien qui passe à Paris.

D'après des opérations exécutées et vérifiées avec la plus grande précision, on a reconnu que cette distance égalait 5130740 toises. On aura donc

$$1^m = \frac{5130740^t}{10000000} = 0,5130740.$$

On sait que la toise valait 6 pieds, que le pied valait 12 pouces, et que le pouce valait 12 lignes.

En multipliant $0^t,5130740$ par 6, on transformera ce nombre en pieds et en décimales de pied. C'est ainsi que

$$0^t,5130740 \times 6 = 3^p,078444;$$

en multipliant le nombre $0^t,078444$ par 12", on transformera ce nombre en pouces et l'on aura

$$0^t,078444 \times 12 = 0^p,941328;$$

enfin en multipliant ce dernier nombre décimal de pouces par 12, on le transformera en lignes; on aura donc

$$0^p,941328 \times 12 = 11^l295936.$$

Ainsi $1^m = 3^t 0^p 11^l,296$. Si l'on veut tout réduire en lignes, on trouve $1^m = 443^l,296$.

De même que nous avons trouvé la valeur d'un mètre en toise, de même on peut trouver la valeur de la toise en mètre.

En effet, puisque $1^m = \dfrac{5130740^t}{10000000}$, on peut conclure que

$$1^t = \dfrac{10000000^m}{5130740}.$$

Effectuant cette division, on trouve

$$1^t = 1^m,949036 = 1^m,949 = 1^m,95,$$

à moins d'un centième près.

188. Avec le mètre, pris pour unité, on a formé des mesures de dix en dix fois plus grandes, et d'autres de dix en dix fois plus petites.

Les plus grandes sont le décamètre qui vaut 10 mètres; l'hectomètre qui vaut 10 décamètres ou 100 mètres; le kilomètre qui vaut 10 hectomètres, 100 décamètres ou 1000 mètres; le myriamètre qui vaut 10 kilomètres, ou 100 hectomètres, ou 1000 décamètres ou enfin 10000 mètres.

Les plus petites sont le décimètre qui est la dixième partie du mètre; le centimètre qui est la dixième partie du décimètre ou la centième partie du mètre; le millimètre qui est la dixième partie du centimètre, ou la centième partie du décimètre ou la millième partie du mètre, etc., etc., etc.

Le myriamètre et le kilomètre sont les mesures itinéraires actuellement adoptées; le myriamètre est un peu plus que le double de la lieue de 2500 toises; le kilomètre en est un peu plus que le cinquième.

189. *On demande en mètres, décimètres et centimètres la valeur de* $17^t, 5^p, 4^p, 8^l$.

Il faut réduire ce nombre en lignes : à cet effet, je multiplie 17 toises par 6, ce qui donne 102 pieds, j'ajoute les 5 pieds et j'ai 107 pieds.

Je multiplie par 12 les 107 pieds pour les transformer en pouces et j'ajoute les 4 pouces au produit, ce qui donne 1288 pouces.

Je multiplie les 1288 pouces par 12 pour les transformer en lignes et j'ajoute les 8 lignes au produit, ce qui donne 15464 lignes.

On a donc

$$17^t 5^p 4^p 8^l = 15464^l.$$

Nous avons vu plus haut que le mètre valait $443^l,296$.

Autant de fois la valeur du mètre en lignes sera contenue dans 15464 lignes, autant le nombre de toises proposé contiendra le mètre.

Si nous divisons le nombre $15464^l,000$ par $443^l,296$, nous trouvons $34^m,88414$, donc $17^t 5^p 4^p 8^l$ équivalent à $34^m,884$ c'est-à-dire à 34 mètres 884 millimètres, à 1 millimètre près.

190. *On demande la valeur de* $34^m,88414$ *en toises, pieds, pouces, lignes.*

Puisque 1 mètre vaut en toises $0^t,5130740$, il s'ensuit que pour avoir la valeur de $34^m,88414$ il suffit de multiplier $0^t,5130740$ par 34,88414, et le produit que l'on obtiendra exprimera en toises et fraction décimale de toise, la valeur cherchée; il restera ensuite à convertir cette fraction décimale en pieds, pouces et lignes.

Voici le tableau du calcul :

$$
\begin{array}{r}
34,88414 \\
0,513074 \\
\hline
13953656 \\
24418898 \\
10465242 \\
3488414 \\
17442070 \\
\hline
17^t,89814524636 \\
6 \\
\hline
5^p,388 \\
12 \\
\hline
776 \\
388 \\
\hline
4^p,656 \\
12 \\
\hline
7^l,872 \\
\end{array}
$$

On trouve pour produit $17^t,898$ en négligeant les huit derniers chiffres décimaux.

Pour convertir $0^t,898$ en pieds, on multiplie par 6 ce qui donne $5^p,388$.

Multipliant $0^r,388$ par 12 pour en faire des pouces, il vient $4^p,656$.

Multipliant enfin $0^p,656$ par 12 pour avoir des lignes, on trouve $7^l,872$ ou simplement 8 lignes; donc $34^m,88414$, équivalent à $17^t 5^p 4^p 8^l$, ce qui vérifie les deux opérations.

191. Cela posé, revenons au problème général énoncé au n° 186.

Un titre de propriété établit une contenance de 36 arpents de Paris, plus 46 perches, on demande quelle est la contenance de cette propriété en hectares, ares et centiares.

On sait que l'arpent de Paris contient 100 perches, et que la perche avait 18 pieds de côté.

Réduisant le tout en perches, on a 3646 perches à transformer en nouvelles mesures agraires.

La perche étant un carré de 18 pieds, il faut transformer ces 18 pieds en mètres.

Pour cela, il faut d'abord les réduire en lignes en multipliant les 18 pieds par 12 pour avoir des pouces, et le produit encore par 12 pour avoir des lignes. On trouve 2592 lignes.

En divisant ce nombre par la valeur du mètre en lignes qui est $443^l,296$, on connaîtra le côté d'une perche exprimée en mètres; le quotient est de $5^m,847$.

On obtiendra la contenance d'une perche en multipliant $5,847$ par $5,847$; le produit est égal à $34^{mq},19$.

On aura la contenance des $36^{arp},46^{per}$ en multiplant 3646 par $34^{mq},19$. Effectuant, le produit est $124656^{mq},74$.

Par conséquent les $36^{arp},46^{per}$ sont équivalents à $12^{hect} 46^{arcs} 56^{cent},74$.

192. *Un titre de propriété accuse une contenance de $28^{arp},16^{per}$ des eaux et forêts; quelle est la superficie de cette propriété exprimée en hectares, ares et centiares ?*

Il faut opérer comme il a été dit dans le problème précédent.

L'arpent des eaux et forêts étant composé de 100 perches, la surface de la propriété sera de 2816 perches.

La perche ayant 22 pieds de côté, on réduira ces 22 pieds en lignes en les multipliant par 12 pour les convertir en pouces, et le produit par 12 pour les convertir en lignes. Le résultat est de 3168 lignes.

En divisant ce nombre par la valeur du mètre en lignes, c'est-à-dire par $443^l,296$, on connaîtra le côté de la perche des eaux et forêts en mètres; on trouve $7^m,146$.

En multipliant ce nombre par lui-même, on aura la surface de la perche, qui est $51^{mq},07$.

Si l'on répète cette surface autant de fois qu'il y a de perches, on aura la contenance de la propriété exprimée en mètres carrés et par suite en hectares, ares et centiares.

$$51^{mq},07 \times 2816 = 143813^{mq},12 = 14^{hect}38^{ares}13^{cent},12.$$

193. *Un arpenteur a mesuré la superficie d'une propriété, elle est égale à* $12^{hect}46^{ares}56^{cent},74$. *Le titre de cette même propriété exprimait cette surface en arpents de Paris; le propriétaire demande la vérification de son titre.*

Il faut, pour résoudre ce problème, transformer les hectares et les ares en mètres carrés; le nombre proposé est égal à $124656^{mq},74$.

Nous avons dit que pour l'arpent de Paris la perche avait 18 pieds de côté, ou, en transformant ces 18 pieds en mètres, nous avons trouvé (n° 191) que le côté de la perche égalait $5^m,847$ et par suite que la contenance de la perche était $34^{mq},19$.

Si donc nous divisons $124656^{mq},74$ par $34^{mq},19$, le quotient exprimera le nombre de perches contenues dans le nombre proposé. Ce quotient est égal à 3646.

En divisant ce nombre par 100, nous aurons le nombre de perches qu'il contient.

Nous trouvons donc que $12^{hect}46^{ares}56^{cent},74$ équivalent à 36 arpents et 46 perches.

194. *La contenance d'une propriété étant de* $14^{hect}38^{ares}13^{cent},12$, *on demande combien elle contient d'arpents des eaux et forêts.*

Transformons les hectares et les ares en mètres carrés, nous trouvons $143813^{mq},12$.

Pour l'arpent des eaux et forêts la perche a 22 pieds de côté, ou en transformant ces 22 pieds en mètres, le côté de la perche est de $7^m,146$ et par suite la perche contiendra $51^{mq},07$.

En divisant $143813^{mq},12$ par $51^{mq},07$, le quotient exprimera le nombre de perches contenues dans le nombre proposé. On trouve 2816 perches ou bien 28 arpents 16 perches.

195. Afin de faciliter les calculs qu'exige la transformation des nouvelles mesures en anciennes, et des anciennes en nouvelles, nous allons donner les résultats de ces calculs dans les tableaux suivants :

Réduction des arpents en hectares.

ARPENTS DE PARIS :				ARPENTS DES EAUX ET FORÊTS :			
1 arpent vaut 100 perches carrées; la perche a 18 pieds de long^r.				1 arpent vaut 100 perches carrées; la perche a 22 pieds de long^r.			
arpents	hect.	ares	cent.	arpents	hect.	ares	cent.
1	»	34	19	1	»	51	07
2	»	68	38	2	1	02	14
3	1	02	57	3	1	53	22
4	1	36	75	4	2	04	29
5	1	70	94	5	2	55	36
6	2	05	13	6	3	06	43
7	2	39	32	7	3	57	50
8	2	73	51	8	4	08	58
9	3	07	70	9	4	59	65
10	3	41	89	10	5	10	72
11	3	76	08	11	5	61	79
12	4	10	27	12	6	12	86
13	4	44	46	13	6	63	93
14	4	78	65	14	7	15	»
15	5	12	84	15	7	66	07
16	5	47	03	16	8	17	14
17	5	81	22	17	8	68	21
18	6	15	41	18	9	19	28
19	6	49	60	19	9	70	35
20	6	83	79	20	10	21	42
30	10	25	59	30	15	32	14
40	13	67	48	40	20	42	86
50	17	09	37	50	25	53	58
60	20	51	26	60	30	64	30
70	23	93	15	70	35	75	02
80	27	35	04	80	40	85	74
90	30	76	93	90	45	96	46
100	34	18	82	100	51	07	20
1000	341	88	69	1000	510	72	»

Réduction des hectares en arpents.

hectares		ARPENTS DE PARIS.			ARPENTS des EAUX ET FORÊTS.	
		arpents	perches carrées		arpents	perches carrées
1	....	2	92,49	....	1	95,80
2	....	5	84,99	....	3	91,60
3	....	8	77,48	....	5	87,41
4	....	11	69,98	....	7	83,21
5	....	14	62,47	....	9	79, 1
6	....	17	54,97	....	11	74,81
7	....	20	47,46	....	13	70,61
8	....	23	39,95	....	15	66,42
9	....	26	32,45	....	17	62,22
10	....	29	24,94	....	19	58, 2
11	....	32	17,43	....	20	53,82
12	....	35	9,92	....	21	49,62
13	....	38	2,41	....	22	45,42
14	....	40	94,90	....	23	41,22
15	....	43	87,39	....	24	37, 2
16	....	46	79,88	....	25	32,82
17	....	49	72,37	....	26	28,62
18	....	52	64,86	....	27	24,42
19	....	55	57,35	....	28	20,22
20	....	58	49,84	....	29	16, 2
30	....	87	74,78	....	48	74, 4
40	....	116	99,72	....	68	32, 6
50	....	146	24,66	....	87	90, 8
60	....	175	49,60	....	107	48,10
70	....	204	74,50	....	127	6,12
80	....	233	99,48	....	146	64,14
90	....	263	24,42	....	166	22,26
100	....	292	49,44	....	185	80,20
1000	....	2924	94,37	....	1858	2,00

Des diverses méthodes d'arpentage.

196. Nous avons décrit plusieurs méthodes pour l'opération de l'arpentage.

La plus simple, celle qui convient le mieux aux arpenteurs, est la méthode avec l'emploi de la chaîne seulement. Elle est la plus économique, puisqu'elle dispense l'opérateur d'acheter des instruments qui sont toujours très-chers. Elle consiste à décomposer toutes les figures que peut former la configuration d'un terrain en triangles, et à mesurer avec la chaîne tous les côtés de chaque triangle ; on calcule ensuite la surface de chaque triangle au moyen de ses côtés, de la manière que nous avons démontrée.

197. La seconde méthode consiste à arpenter un terrain en se servant de la chaîne et de l'équerre d'arpenteur.

Dans ce cas, lorsque l'on a décomposé le terrain en triangles, on choisit certains côtés pour servir de bases à ces triangles ; de leurs sommets on abaisse des perpendiculaires sur la base avec l'équerre d'arpenteur, et l'on se contente de mesurer les bases et les hauteurs qui servent à calculer les surfaces.

198. Il est bien entendu que l'opérateur qui suit l'une des méthodes ci-dessus, doit faire à la main un croquis représentant approximativement la configuration du terrain, et il doit apporter toute son attention à bien écrire toutes les cotes qu'il a mesurées au moyen de la chaîne, au-dessous des lignes dont elles représentent la longueur. On ne peut trop recommander ce soin, car de là dépend surtout l'exactitude de l'opération.

199. Quelquefois un croquis est insuffisant : par exemple, lorsque deux propriétaires voisins sont en procès, le tribunal peut exiger le plan des lieux, et alors l'arpenteur est tenu de relever et de dessiner ce plan avec la plus grande exactitude.

Nous avons déjà donné la description du graphomètre et de la planchette qui sont les deux instruments les plus usités pour ces sortes d'opérations. Il ne nous reste plus qu'à donner des développements sur la direction générale.

Enchaînement des opérations topographiques.

200. Les détails dans la nature peuvent être considérés comme formant des groupes ou îlots. Si, par exemple, en partant d'un

point on suit constamment le premier chemin qu'on trouve à sa droite, on reviendra évidemment au point de départ, après avoir ainsi parcouru un polygone ou périmètre enfermant une certaine quantité d'objets, tels que maisons, murs, haies, cultures diverses, etc. On aura ainsi circonscrit un îlot de détails.

Supposons qu'en chacun des points où l'on a dû changer de direction pour parcourir ce périmètre, on ait placé un jalon, et imaginons que ces jalons soient successivement réunis par des droites, il en résultera un polygone dont les inflexions représenteront à peu près celles du chemin parcouru, ainsi que celles des détails que l'on a côtoyés.

Par différents moyens, on peut mesurer les côtés et les angles de ce polygone, et avec ces mesures on peut construire sur le papier un polygone entièrement semblable au premier. Après avoir levé et construit de la sorte un premier polygone, on pourra en lever un second contigu au premier, puis un troisième, et ainsi de suite. L'ensemble de tous ces périmètres constitue un réseau ou canevas polygonal dont le lever est la première opération d'un lever topographique.

201. Après qu'on a levé le canevas, il faut s'occuper du lever des détails qui se trouve considérablement simplifié par ce travail préliminaire. Cette seconde opération consiste à représenter dans leurs vraies places et grandeur tous les objets précédemment énumérés, tels que maisons, murs, haies, etc.

Un plan n'est complet que lorsqu'il représente tous les détails du terrain.

202. *Lever à la planchette.* — Nous avons peu de choses à ajouter à ce que nous avons dit aux n°s 49 et 50 sur le lever à la planchette. Nous avons indiqué comment avec la planchette et l'alidade on construit une figure semblable à celle qui est tracée sur le terrain, en suivant la méthode dite de *cheminement.*

Mais il existe une seconde méthode, celle par intersections, qui diffère peu de la première et qu'il importe cependant de faire connaître.

Supposons qu'on ne puisse mesurer que la ligne AE (*fig.* 65) et qu'il faille cependant relever les points environnants B, C, D, F,... On se placerait en A pour y orienter la planchette s'il était nécessaire où l'on tirerait sur le papier qui couvre l'instrument une ligne *ae* à laquelle on donnerait autant de parties de l'échelle que AE contient de mètres. On ferait correspondre respectivement le point *a*

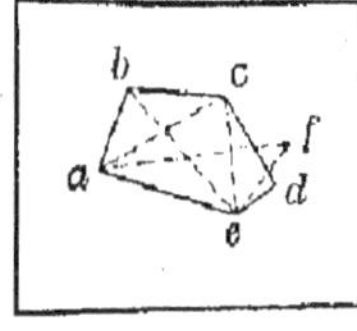

Fig. 65.

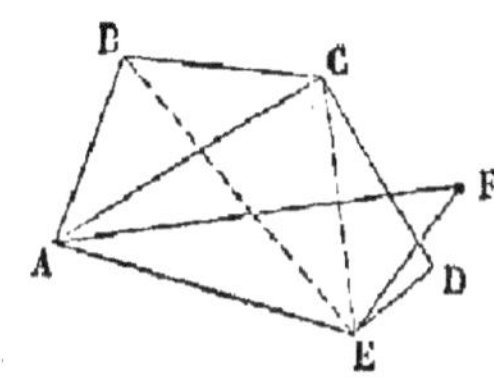

et cette ligne avec la station A et la base AE, et l'on dirigerait successivement l'alidade tournant autour de *a*, sur les différents objets, B, C, F,..., afin d'obtenir les rayons *ab, ac, af,...*;

ensuite on irait au point E répéter les mêmes opérations qu'on a faites au point A, c'est-à-dire que l'on déterminerait les rayons *cb, ec, ef,...*, qui, par leur intersection avec les premiers achèveraient de déterminer les points *b, c, f*; alors le plan *abcf* serait semblable à la figure du terrain ABCF, ou, pour parler plus exactement, *abcf* serait la projection orthogonale de ABCF.

Il est facile, par ce moyen, non-seulement d'établir le canevas d'un plan, mais encore d'en figurer tous les détails. Toutefois nous devons faire observer que pour ces détails il ne faut pas accorder trop de confiance à la planchette, dont la justesse, dans quelques cas, ne peut égaler celle de l'équerre d'arpenteur, par exemple.

203. *Lever des détails à l'équerre d'arpenteur.* — Quand on lève un champ à l'équerre, on mène dans l'intérieur et dans le sens de la longueur une droite que l'on nomme base ou directrice. On abaisse, de tous les angles du périmètre, des perpendiculaires sur cette base. On mesure ces perpendiculaires à la chaîne ainsi que tous les segments de la base. Il résulte de là que le terrain est décomposé en triangles, trapèzes ou rectangles, et que l'on peut aisément en déterminer l'étendue superficielle.

S'il s'agissait de mesurer un terrain dont l'intérieur fût inaccessible, mais dont le pourtour fût libre, on lui circonscrirait un triangle, un rectangle, ou bien un trapèze, ou enfin tout autre polygone à angles droits.

Voici maintenant comment on trouve avec l'équerre le pied des perpendiculaires que l'on veut abaisser sur une ligne. Pour déterminer, par exemple, le point D, où tomberait la perpendiculaire abaissée du sommet de l'angle B sur la base AC (*fig.* 66), on placera le centre de l'instrument aux environs de D, en dirigeant deux des pinnules dans l'alignement AC, et voyant si le point B se trouve dans la direction des deux autres pinnules; mais, à moins d'un hasard singulier, ce point sera à gauche ou à droite de cette direction. S'il est à gauche, par exemple, on reculera par estime l'instrument vers le point A, et l'on recommencera la vérification. Après quelques

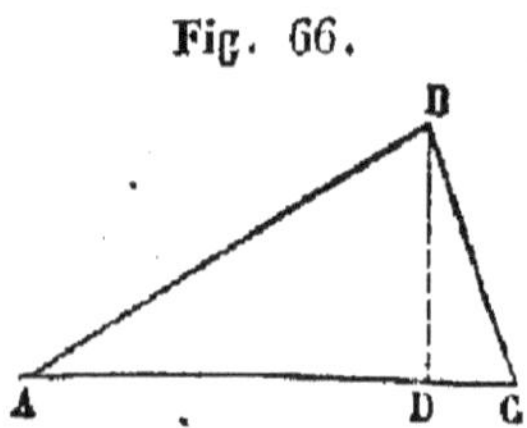

Fig. 66.

essais pareils, le centre de l'instrument se trouvera en D.

204. *Lever au graphomètre.* — Nous avons donné la description du graphomètre aux n⁰ˢ 46 et 47. Il nous reste à en décrire l'emploi. Soit proposé de lever au graphomètre l'espace accessible ABCDE. Pour lever au graphomètre l'espace accessible ABCDE, on placera l'instrument de manière que son centre soit au point A, on dirigera l'alidade fixe dans la direction BA, et l'alidade mobile sur le point E; l'arc décrit par l'alidade mobile sera la mesure de l'angle BAE; supposons que la lecture sur le limbe soit 110°25': on mesurera exactement avec la chaîne les distances BA, AE; soit BA = 42

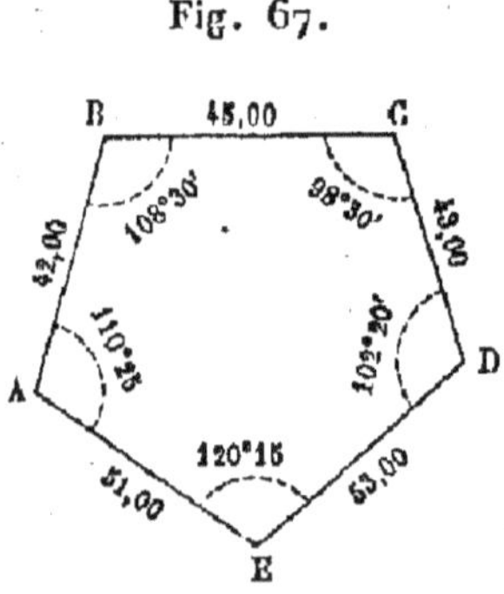

Fig. 67.

mètres et AE = 51 mètres. On plantera des jalons aux points B et E; on transportera l'instrument au point B, on mesurera de même l'angle ABC; supposons-le égal à 108°30', puis mesurons BC = 45 mètres; on continuera de même à mesurer l'angle BCD = 98°30'; le côté CD = 43 mètres; l'angle CDE = 102°20'; le côté DE = 53 mètres et l'angle AED = 120°15'.

Si toutes ces opérations ont été faites exactement, en additionnant la valeur trouvée de tous les angles, la somme sera égale à autant de fois 180° qu'il y a de côtés dans le polygone moins deux: c'est-à-dire que pour un triangle la somme des angles devra être égale à 180°; pour un quadrilatère à deux fois 180° ou à 360°; pour un pentagone à trois fois 180° ou à 540°.

De plus en rapportant ce polygone sur le papier, en mesurant les angles avec le rapporteur, et en prenant la longueur des côtés sur l'échelle du plan, il faut, si l'on a bien pris toutes les mesures exactement, que le polygone soit fermé, c'est-à-dire qu'en construisant le dernier angle DEA, la dernière ligne EA se dirige vers A, et que la distance entre ces points comprenne un nombre de mètres égal à celui trouvé sur le terrain.

205. Quand on fait un lever au graphomètre il faut avoir soin d'en faire le croquis. On nomme ainsi un dessin fait à vue, contenant les lignes que l'on se propose de rapporter sur un dessin soigné que l'on appelle le *mis au net* ou la rédaction du plan. Il faut, autant que possible, faire le croquis à l'encre, ou au moins, si on l'a fait au crayon, passer ensuite les traits et les écritures à l'encre.

Le croquis se fait dans des dimensions aussi grandes que le permet la feuille qu'on emploie. On écrit près de chaque ligne la longueur trouvée, et dans les angles qu'on a pu mesurer, le nombre de degrés qu'ils contiennent; s'il peut y avoir de l'incertitude ou confusion relativement à une ligne à laquelle convient une longueur écrite, il faut désigner cette ligne par des lettres, et tenir, sur le dessin ou sur une feuille supplémentaire, registre des dimensions observées. Ce premier dessin et les notes qui s'y rattachent ne doivent jamais être égarés tant qu'on peut avoir des détails à reprendre pour le mis au net. C'est la pièce qui fait foi; elle sert même encore pour la vérification, quand tout est censé fini.

206. *Rapport sur le papier.* — Lorsque les dimensions sont bien indiquées sur le registre et sur le croquis, le rapport sur le papier, d'après l'échelle qui aura été indiquée, ne peut offrir de difficultés; il ne s'agit plus que de construire des figures pour lesquelles on a les données suffisantes; seulement il faut se construire une bonne échelle et vérifier, d'après les données du croquis, le mis au net à mesure qu'il avance.

Plan topographique.

207. Les conditions du dessin topographique sont l'exactitude, la clarté et la simplicité. Les plans-minutes se construisent sur le terrain avec le crayon : aussi est-ce la première chose à étudier dans le dessin topographique. Ensuite vient la mise à l'encre, qui est indispensable pour la conservation du plan, et c'est encore une branche très-importante de l'art du topographe. Cependant ces

deux genres de dessin ne suffisent pas, car la plume est impuissante à exprimer certains détails. Il est dans sa nature de représenter fort bien le contour des objets, les directions et en général toutes les lignes; mais elle n'est pas également propre à l'expression des superficies, par exemple les cultures; du moins son application à cet usage nécessite beaucoup plus de temps qu'on n'en peut généralement consacrer à un plan. Aussi a t-on recours pour cet objet au lavis, dont la mission est d'exprimer promptement la nature des superficies sous le rapport de leur essence.

208. *Construction d'un plan topographique au crayon.* — Le dessin au crayon mérite un soin tout particulier, car c'est de lui que dépend la précision. Il est donc nécessaire d'employer toutes les précautions qu'on met en usage pour obtenir la plus grande clarté. Lorsqu'une carte est dessinée au crayon, elle doit être intelligible et représenter le terrain d'une manière nette et précise; elle doit donc avoir la même apparence que la carte achevée à l'encre, sauf moins d'intensité dans le trait. Il faut, en outre, que le crayon puisse disparaître facilement sous la gomme élastique sans laisser de traces après la mise à l'encre. Pour cela il faut que le crayon soit de bonne qualité, ni trop dur ni trop mou, qu'il ne raye ni ne salisse le papier.

Il est donc bien important de s'exercer à dessiner purement au crayon sur le terrain même. Cette habitude une fois acquise, la besogne n'en avancera pas moins vite, et l'on retirera l'avantage d'avoir un travail correct sur lequel on ne sera pas obligé de revenir. D'ailleurs une minute faite avec cette netteté peut déjà rendre des services dans le cas où le temps manquerait pour la réduction. Aussi, pensons-nous que, quand on aura acquis une habitude suffisante du terrain pour avoir confiance dans l'exactitude de son travail, on devra toujours arrêter sa minute par un trait pur à mesure qu'on la construit.

La netteté du crayon s'obtient par les mêmes procédés et précautions qu'on obtient dans le travail de la plume dont nous allons parler.

209. *Mise au trait.* — Après qu'on a construit la minute entièrement au crayon, ou qu'on l'a décalquée sur une autre feuille, il faut tracer un trait fin de plume sur ce trait de crayon. La mise au trait exige de l'adresse et même du goût, ou au moins de l'habitude et du soin, dirigés d'après une certaine méthode.

Le trait doit être fin et égal, puisqu'il représente des contours qui, dans la nature, n'ont généralement pas d'épaisseur. Mais tous les objets n'ont pas une égale importance; il en est qui doivent particulièrement appeler l'attention, tandis que d'autres n'ont qu'une importance tout à fait secondaire; aussi paraît-il rationnel de proportionner la grosseur du trait à l'importance des objets représentés. Cette proportionnalité aide nécessairement à la clarté et ne peut jamais lui nuire si, après avoir adopté une grosseur déterminée pour une certaine nature d'objets, on a soin de la maintenir constante. Il résulte de là, pour le dessinateur, l'obligation de savoir soutenir un trait d'une épaisseur uniforme, quelles que soient d'ailleurs les inflexions; c'est en cela que consistent particulièrement le talent du dessinateur et l'art de la mise au trait.

Le tracé des contours à l'encre doit être net, d'une largeur égale et d'une égale intensité; il faut bien se rendre compte des moyens à l'aide desquels on peut satisfaire à ces trois conditions, et, de plus, il faut habituer la main et le coup d'œil par des exercices gradués.

210. On admet ordinairement quatre ordres ou épaisseurs de traits répartis de la manière suivante : le trait le plus gros sera employé pour les détails de construction en maçonnerie; celui du deuxième ordre pour les travaux de construction des chaussées, digues, canaux, etc.; celui du troisième ordre, pour les chemins, sentiers, cours d'eau, rochers, ravins et autres accidents de terrain.

211. *Tracé des routes, chemins, sentiers.* — On donne ordinairement une largeur conventionnelle de 2 millimètres aux grandes routes et de 1 millimètre à tous les autres chemins, sans tenir compte des petites variations qui peuvent exister dans leur largeur. Pour simplifier, on peut se dispenser de tracer de chaque côté des routes le trait qui exprime le fossé dont elles sont souvent bordées, sans toutefois manquer d'exprimer si ces routes sont en déblai ou en remblai, d'une nature importante. Les sentiers s'expriment par une largeur de 1 demi-millimètre et par deux traits parallèles, dont l'un se fait ponctué.

212. *Tracé des limites de culture.* — Les limites de culture se marquent quelquefois par un trait ponctué; mais, pour abréger, on peut se contenter de les faire d'un trait plein du troisième ordre.

213. *Tracé des ruisseaux.* — Lorsqu'on met au trait un ruisseau avec ses affluents à une échelle assez petite pour que les deux

rives ne puissent se tracer sans se confondre, alors on le dessine d'un seul trait dont la grosseur peut excéder celle même du premier ordre, selon son volume d'eau. Mais il n'est pas convenable de donner la même grosseur du trait au ruisseau lui-même et à ses affluents; ceux-ci devront être d'un trait sensiblement moins gros, et le ruisseau principal doit recevoir une grosseur plus forte au-dessous de chaque affluent. Cet artifice donnera la clarté en poignant la marche du cours d'eau. En outre les dessinateurs adroits donnent à chaque ruisseau particulier une grosseur de trait graduellement plus sensible depuis sa source, où il est aussi délié que possible, jusqu'à sa jonction avec le cours d'eau principal. La réunion de toutes ces conditions exige une main exercée au maniement de la plume et permettrait seule de juger du talent du dessinateur.

214. *Tracé des masses aquatiques. Dessin des eaux.* — Dans l'expression des cours d'eau et en général de toutes les masses aquatiques, on passe au trait les lignes qui représentent l'intersection de la surface des eaux avec les talus qui les encaissent. De plus, les bords des rivières étant plus ou moins généralement corrodés par le courant, on figure les arrachements qui en résultent pour l'arête de leur sommet, et celle du pied, s'ils ont une assez grande hauteur, mais plus généralement par de petites hauteurs amincies vers le bas; quant à la masse d'eau elle-même, elle se figure par une teinte bleu mise au pinceau ou quelquefois par une série de lignes parallèles entre elles et aux rives qui vont en s'amincissant et en s'écartant à mesure qu'elles s'éloignent des bords. C'est ce qu'on nomme *filer les eaux.*

215. *Dessin des sables et des graviers.* — Les sables, les graviers que les eaux laissent à découvert s'expriment par un travail de convention, ou d'imitation si l'on veut, qui consiste en un pointillé de petits points ronds et rapprochés de manière à fournir une teinte grise et uniforme. Les points sont égaux pour les sables et inégaux pour les graviers.

216. *Des prairies.* — Les prairies se figurent par un pointillé de points allongés comme des virgules et groupés au nombre de cinq ou six, de manière à former une sorte d'imitation des touffes d'herbe. On range ces groupes parallèlement au côté inférieur de la carte, et l'on s'attache à faire en sorte que l'ensemble de ce travail de plume représente une teinte grise et plate comme des sables.

217. *Dessin des marais.* — Les marais participent à la fois des eaux et des prairies; on leur applique un système combiné des deux précédents.

218. *Dessin des arbres.* — Les arbres se figurent tantôt par un petit cercle, tantôt par un point noir, selon que l'échelle est grande ou petite. Les bois s'expriment par un travail composé d'un grand nombre de petits cercles qu'on peut concevoir par l'image des arbres de différents âges; les pins et les sapins se représentent par un travail en forme d'étoiles, qui permet de reconnaître les bois composés d'arbres verts.

219. *Dessin des parcs, jardins, etc.* — De ces différents ouvrages à la plume résulte le moyen de représenter les parcs, les vergers, les jardins: on trace pour cela le contour des allées, ainsi que les massifs et les rangées d'arbres.

On n'emploie que trois couleurs dans la mise au trait : l'encre de Chine, le carmin et l'indigo qu'on peut remplacer par le bleu de Prusse. Le carmin sert à représenter les habitations, les murs, les ponts, et en général tous les travaux en maçonnerie, en vertu d'un usage généralement consacré et qui dérive sans doute de ce que dans l'origine le rouge a été affecté par imitation à la représentation des habitations couvertes en tuiles. Les massifs d'édifices se représentent en conséquence par des hachures de carmin dans les cartes à effet, et par une teinte de carmin dans les teintes lavées. Le bleu s'emploie pour figurer le contour des eaux; en adoptant cette couleur on devra lui faire application de tout ce que nous avons dit sur la mise à l'encre des eaux. Il est évident qu'il doit résulter beaucoup de clarté de l'introduction de ces deux couleurs dans la mise au trait de deux espèces d'objets aussi importants à bien manifester que les maçonneries et les eaux. C'est un commencement de mise à l'effet qui, sans coûter aucun surcroît de temps, aide notablement à l'intelligence du dessin.

220. *Titre.* — Le titre se place soit à l'intérieur, soit hors du cadre. Dans le premier cas, il se compose souvent de plusieurs lignes d'écriture qu'il faut placer symétriquement. La plus grande hauteur des lettres du titre doit être des trois centièmes de la moindre des dimensions du dessin.

Lorsque le titre est en dehors du cadre, l'intervalle entre les lettres et le cadre doit être compris entre les deux centièmes et les quatre centièmes de la moindre des deux dimensions du dessin, selon que cette dimension est plus ou moins grande.

221. *Échelle*. — L'échelle se fait en dedans du cadre parallèlement et au-dessus du côté inférieur de la carte. On la place, soit au milieu de ce côté, soit encore vers la gauche, pour faire symétrie avec la signature de l'auteur qui se place au bas et à droite.

222. *Copie d'un plan*. — Lorsqu'il s'agit de copier un plan de même grandeur, on peut calquer le plan à la vitre, si cela est possible, ou bien on dessine d'abord l'original sur du papier verni ou huilé, puis on calque à la vitre cette première copie sur une feuille mince de papier de Hollande, ayant soin, toutefois, de rectifier au crayon les parties du second dessin qui auraient pu être altérées par cette dernière opération. Mais lorsque les lignes dessinées à l'encre de Chine sur le papier transparent ne paraissent pas suffisamment au travers de la copie, on réduit de la mine de plomb en poussière très-fine que l'on étale sur le côté du papier transparent, opposé à celui sur lequel on a dessiné, et l'on fixe cette poussière en frottant légèrement avec un morceau de papier ou un tampon de linge. On étend sur le papier à dessiner cette feuille préparée de la sorte, en mettant la partie plombée en contact avec le papier, et enfin on suit avec une pointe à calquer tous les traits de la première copie, en appuyant assez pour que la mine de plomb puisse se déposer sur le papier de Hollande. Par ce moyen, on a exactement le second calque de l'original.

On peut encore employer avec succès la méthode suivante : on partage la surface à copier en carrés ou rectangles par deux systèmes de lignes parallèles et perpendiculaires, tracées légèrement au crayon : on trace sur une feuille de papier un même nombre de carrés égaux à ceux de l'original, et l'on y dessine de proche en proche tous les détails compris dans les rectangles correspondants de l'original : cette opération se fait soit à vue, soit en rapportant chaque point par des coordonnées, soit enfin en décrivant deux arcs de cercle dont ce point est l'intersection.

Si le dessin à copier est trop précieux pour qu'il soit permis d'y tracer aucune ligne, même au crayon, on peut le couvrir d'un papier transparent ou d'un verre sur lequel on établira toutes les lignes de construction dont nous avons parlé plus haut.

Formation du carré d'un nombre et extraction de la racine carrée.

223. On appelle *carré* d'un nombre, le produit de ce nombre multiplié par lui-même ; on appelle *racine carrée* d'un nombre un second nombre qui, multiplié par lui-même, ou élevé au carré, donne pour résultat le nombre proposé.

Ainsi 8 a pour carré 64 ; et réciproquement 64 a pour racine carrée 8 ; de même 12 a pour carré 12 × 12 ou 144, et réciproquement la racine carrée de 144 est 12.

La formation du carré d'un nombre entier ou fractionnaire ne présente aucune difficulté ; il suffit de multiplier ce nombre par lui-même.

Mais il n'en est pas de même de l'extraction de la racine carrée d'un nombre qui a pour objet : *Un nombre étant donné, trouver le nombre qui, multiplié par lui-même, peut produire le nombre proposé.*

Cette opération, assez difficile, exige des détails particuliers ; elle est d'ailleurs d'une très-grande importance, puisqu'elle est l'opération principale dans l'évaluation des surfaces des triangles que nous calculons, suivant notre nouvelle méthode d'arpentage.

Les dix premiers nombres entiers étant

$$1, \quad 2, \quad 3, \quad 4, \quad 5, \quad 6, \quad 7, \quad 8, \quad 9, \quad 10,$$

dont les carrés sont

$$1, \quad 4, \quad 9, \quad 16, \quad 25, \quad 36, \quad 49, \quad 64, \quad 81, \quad 100,$$

il en résulte que réciproquement les nombres de la seconde ligne ont pour racines carrées les nombres de la première.

A l'inspection de ces deux lignes on reconnaît que, parmi les nombres entiers d'un ou de deux chiffres, il n'y en a que dix qui soient des carrés d'autres nombres entiers ; les autres ont pour racine carré un nombre entier, plus une fraction.

Ainsi 42 qui est compris entre 36 et 49 a pour racine carrée 6 plus une fraction, de même 91 a pour racine carrée 9 plus une fraction.

224. Soit proposé d'élever le nombre 26 au carré, il faut pour cela multiplier 26 par 26, c'est-à-dire multiplier :

1° 6 par 6 dont le produit est................... 36
2° 20 par 6 dont le produit est.................. 120
3° 6 par 20 dont le produit est.................. 120
4° Enfin, 20 par 20 dont le produit est.......... 400

Si l'on ajoute ces quatre produits partiels, le carré sera.... 676

qui est le produit de 26 par 26.

Par conséquent on peut dire que lorsqu'un nombre est composé de dizaines et d'unités, son carré contient quatre parties, savoir :

la 1re le carré des unités;
la 2e le produit des dizaines par les unités;
la 3e le produit des dizaines par les unités;
la 4e le carré des dizaines.

Et pour abréger on dira que le carré d'un nombre qui a des dizaines et des unités à sa racine contient le carré des dizaines, deux fois le produit des dizaines par les unités, et le carré des unités.

225. Un nombre, quel qu'il soit, peut toujours être décomposé en dizaines et en unités; ainsi 287 n'est autre chose que 28 dizaines et 7 unités; de même 3456 n'est autre chose que 345 dizaines plus 6 unités.

Donc *si on élève au carré un nombre quelconque ayant plus d'un chiffre, son carré se compose du carré des dizaines, de deux fois le produit des dizaines par les unités, et du carré des unités.*

Extraction de la racine carrée d'un nombre entier.

226. Si le nombre n'a qu'un ou deux chiffres, sa racine s'obtient immédiatement d'après l'inspection des carrés des dix premiers nombres que nous avons fait connaître plus haut.

Considérons donc un nombre de plus de deux chiffres, 6084 par exemple.

Ce nombre étant composé de plus de deux chiffres, sa racine en a plus d'un; d'ailleurs il est plus petit que 10000 qui est le carré de 100; ainsi la racine renferme nécessairement deux chiffres, dont l'un est celui des dizaines, et l'autre celui des unités.

Ce qui prouve que le nombre 6084 renferme *le carré des dizaines, plus le double produit des dizaines par les unités, plus le carré des unités.*

$$\begin{array}{c|c} 6\,0.8\,4 & 78 \\ 4\,9 & \overline{148} \\ \hline 1\,1\,8.4 & \quad 8 \\ 1\,1\,8\,4 & \overline{1184} \\ \hline \end{array}$$

0

Cela posé, si l'on pouvait découvrir dans 6084 le carré des dizaines de la racine, on obtiendrait facilement les dizaines ; mais le carré d'un nombre exact de dizaines ne pouvant donner moins que des centaines, il s'ensuit que ce carré doit se trouver dans la partie 60, à gauche des deux derniers chiffres qu'on sépare, pour cette raison, par un point ; mais cette partie peut d'ailleurs, outre le carré des dizaines, renfermer des centaines, provenant des autres termes du carré. La partie 60 est comprise entre les deux carrés 49 et 64, dont les racines sont 7 et 8 ; or je dis que 7 est le *chiffre des dizaines cherché ;* car 6000 est évidemment compris entre 4900 et 6400, qui sont les carrés de 70 et 80 ; il est de même de 6084. Donc la racine demandée se compose de 7 dizaines, et d'un certain nombre d'unités moindre que 10.

Le chiffre 7 étant trouvé, on l'écrit à droite du nombre donné, en le séparant par un trait vertical, puis on retranche son carré 49 de 60, ce qui donne 11 pour reste, à côté duquel on abaisse les deux autres chiffres 84.

Le résultat 1184 contient encore le *double produit des dizaines par les unités,* et *le carré des unités.* Or des dizaines multipliées par des unités ne pouvant donner au produit moins que des dizaines, le dernier chiffre 4 ne fait pas partie du double produit des dizaines par les unités ; ainsi ce double produit se trouve renfermé dans la partie à gauche 118, qu'on sépare du chiffre 4 par un point.

Donc si l'on double les dizaines, ce qui donne 14, et qu'on divise 118 par 14, *le quotient 8 est le chiffre des unités,* ou un chiffre plus fort que celui des unités. Ce quotient ne peut pas être trop faible, puisque 118 contenant le produit du double des dizaines, 14, par les unités, il faut qu'on puisse en retrancher le produit de 14 par le chiffre qu'on essaye ; mais il peut être trop fort, parce que 118, outre ce double produit, contient encore des dizaines provenant du carré des unités.

Pour vérifier si le quotient 8 exprime les unités, il suffit de l'écrire à la droite de 14, ce qui donne 148, puis au-dessous de lui-même, et de multiplier 148 par 8. On forme évidemment ainsi : 1° le carré des unités; 2° le double produit des dizaines par les unités. Or cette multiplication effectuée donne pour produit 1184, nombre égal au résultat de la première opération; et en le retranchant de ce résultat, on a zéro pour reste; donc 78 est la racine demandée.

En effet, il résulte des opérations précédentes que l'on a retranché successivement de 6084 le carré de 7 dizaines ou de 70, plus le double produit de 70 par 8, plus enfin le carré de 8, c'est-à-dire les quatre parties qui entrent dans la composition du carré de 70 + 8 ou 78 ; et comme le résultat de la soustraction est zéro, il s'ensuit que 6084 est égal au carré de 78.

227. Soit, pour second exemple, le nombre 841.

$$
\begin{array}{c|c}
8.4\,1 & 29 \\
4 & \overline{49} \\
\overline{4\,4.1} & 9 \\
4\,4\,1 & \overline{441} \\
\overline{} & \\
0 &
\end{array}
$$

Ce nombre étant compris entre 100 et 10000, sa racine se compose encore de deux chiffres ou de dizaines et d'unités. On prouvera, comme dans l'exemple précédent, que la racine du plus grand carré contenu dans 8, ou dans la partie à gauche des deux derniers chiffres, est le chiffre des dizaines de la racine. Or le plus grand carré contenu dans 8 est 4, dont la racine est 2 : c'est le *chiffre des dizaines*. Si l'on retranche le carré de 2 ou 4 du nombre 8, il reste 4; abaissant à côté de ce reste la tranche suivante 41, on obtient 441, résultat qui renferme encore *le double produit des dizaines par les unités, plus le carré des unités.*

On prouvera encore, comme dans l'exemple précédent, que, si l'on sépare le dernier chiffre 1 par un point, et qu'on divise la partie à gauche 44 par 4, *double des dizaines,* le quotient sera le *chiffre des unités,* à moins qu'il ne soit plus fort que ce chiffre.

Ici le quotient est 11, et il est évident qu'on ne peut pas avoir plus de 9 pour les unités; car autrement ce serait supposer que le chiffre trouvé pour les dizaines ne serait pas le véritable. Il faut donc essayer 9 : pour cela on place 9 à la droite de 4 double des dizaines, puis au-dessous de lui-même, et l'on multiplie 49 par 9. Or cette multiplication donne le produit 441 qui est égal au résultat de la première opération; ainsi 29 est la racine demandée.

228. *Règle à suivre pour extraire la racine carrée d'un nombre de trois ou quatre chiffres.* — On voit par ce qui précède que l'extraction de la racine se compose de deux opérations principales :

La première consiste à séparer les deux derniers chiffres à droite, et à *extraire la racine du plus grand carré contenu dans la partie à gauche.* Cette racine exprime nécessairement les dizaines de la racine totale.

La seconde consiste, après avoir abaissé les deux chiffres à droite du nombre, et après avoir séparé le dernier de ces deux chiffres par un point, consiste, dis-je, *à diviser la partie à gauche par le double du chiffre déjà trouvé à la racine.* Le quotient exprime les unités, à moins qu'il ne soit trop fort; et pour s'assurer s'il n'est pas trop fort, on forme le carré de ce quotient, et le produit du double des dizaines par ce quotient. Si la somme qu'on obtient est égale au résultat de la première opération, ou bien est moindre que ce résultat, on est sûr que le quotient représente les unités, et on l'écrit alors à la droite des dizaines; dans le cas contraire on le diminue d'une ou de plusieurs unités.

229. Soit pour troisième exemple le nombre 1287, qui n'est pas un carré parfait.

En appliquant à ce nombre la règle ci-dessus, on trouve 35 pour racine, et 62 pour reste; ce qui indique que 1287 n'est pas un carré parfait, mais qu'il est compris entre le carré de 35 et celui de 36. En effet le carré de 35 est 1225, est celui de 36 est 1296.

$$
\begin{array}{r|l}
1\,2.8\,7 & 35 \\
9 & \overline{65} \\ \cline{1-1}
3\,8.7 & 5 \\
3\,2\,5 & \overline{325} \\ \cline{1-1}
6\,2 &
\end{array}
$$

Ainsi lorsqu'un nombre n'est pas un carré parfait, le procédé fait du moins connaître *la racine du plus grand carré contenu dans ce nombre*, ou bien encore *la partie entière de la racine carrée de ce nombre*.

Nous verrons bientôt comment on obtient approximativement la fraction qui doit compléter la racine.

230. Passons à l'extraction de la racine carrée d'un nombre de plus de quatre chiffres.

Soit 5503716 le nombre proposé :

$$
\begin{array}{l|lll}
5.5\ 0.3\ 7.1\ 6 & 2346 & & \\
\underline{4} & & & \\
1\ 5.0 & \underline{43} & \underline{464} & \underline{4686} \\
1\ 2\ 9 & 3 & 4 & 6 \\
\underline{} & \underline{} & \underline{} & \underline{} \\
2\ 1\ 3.7 & 129 & 1856 & 28116 \\
1\ 8\ 5\ 6 & & & \\
\underline{} & & & \\
2\ 8\ 1\ 1.6 & & & \\
2\ 8\ 1\ 1\ 6 & & & \\
\underline{} & & & \\
0 & & &
\end{array}
$$

Le nombre proposé surpassant 10000, sa racine doit être plus grande que 100, c'est-à-dire avoir plus de deux chiffres. Mais, quoi qu'il en soit, on peut toujours la regarder comme composée seulement d'unités et de dizaines.

Dès lors le carré de cette racine, ou le nombre proposé, contient le carré des dizaines, plus le double produit des dizaines par les unités, plus le carré des unités. Or le carré des dizaines donne au moins des centaines; donc la dernière tranche 16 ne peut en faire partie, et c'est dans la partie à gauche que se trouve ce carré.

Je dis maintenant que, si l'on cherche la racine du plus grand carré contenu dans 55037 considéré comme exprimant des unités simples, on aura le nombre total des dizaines de la racine demandée.

La question est donc ramenée à extraire la racine carrée du nombre 55037, considéré, pour le moment, comme exprimant des unités simples, c'est-à-dire comme si la première tranche 16 ne faisait pas partie du nombre proposé.

En raisonnant sur ce nombre 55037 comme sur le nombre proposé, on est conduit, pour avoir les dizaines de sa racine, à extraire la racine du plus grand carré contenu dans la partie à gauche de la tranche 37, c'est-à-dire dans 550; et pour obtenir les dizaines de cette nouvelle racine, il faut encore faire abstraction des deux derniers chiffres 50, et extraire la racine du plus grand carré contenu dans 5.

Extrayons donc la racine de 5, il vient 2 pour 4; on écrit 2 à la droite du nombre proposé, et l'on retranche 4 de 5, ce qui donne 1 pour reste, à côté duquel on abaisse la tranche suivante 50, parce qu'il faut maintenant déterminer le second chiffre de la racine du plus grand carré contenu dans 550. Séparant le dernier chiffre à droite de 150, puis divisant 15 par 4, double de la racine déjà trouvée, on a pour quotient 3 que l'on écrit à la droite de 4 et au-dessous de lui-même; puis on multiplie 43 par 3, et l'on soustrait le produit 129 de 150; 23 représente alors la collection des dizaines de la racine du nombre 55037.

Pour en obtenir les unités, on abaisse à côté du reste 21 la tranche 37, ce qui donne 2137 dont on sépare le dernier chiffre. Divisant 213 par 46 double de la racine déjà trouvée, on a pour quotient 4 que l'on écrit à la droite de 46 et au-dessous de lui-même; puis on multiplie 464 par 4 et l'on retranche le produit 1856 de 2137; 234 exprime alors le nombre total des dizaines de la racine demandée.

Enfin pour avoir le chiffre des unités, on abaisse à côté du reste 281 la dernière tranche 16; puis faisant abstraction du dernier chiffre, on divise la partie à gauche 2811 par 468, double de la racine déjà trouvée; il vient 6 pour quotient, que l'on écrit à la droite de 468 et au-dessous de lui-même. Multipliant 4686 par 6 et soustrayant le produit 28116, on obtient zéro pour reste. Donc 2346 est la racine demandée. Pour vérifier l'opération, il suffit de multiplier 2346 par lui-même, et l'on doit retrouver le nombre proposé.

Si l'on a bien saisi les différentes parties de l'opération précédente, on en conclura facilement la règle générale suivante pour l'extraction de la racine carrée d'un nombre composé d'autant de chiffres qu'on voudra.

231. *Séparez le nombre en tranches de deux chiffres chacune, à commencer par la droite.* (Le nombre des tranches est égal au nombre des chiffres de la racine.) *Prenez la racine du plus grand carré contenu dans la première tranche à gauche, qui peut n'avoir qu'un seul chiffre, et retranchez le carré du chiffre trouvé de la première tranche à gauche.*

Abaissez à côté du reste, la seconde tranche à gauche, dont vous séparez le dernier chiffre par un point; puis divisez la partie à gauche de ce chiffre par le double de la racine déjà trouvée. Écrivez le quotient à côté du double de la racine; multipliez le nombre ainsi formé, par ce quotient, et retranchez le produit du premier reste suivi de la seconde tranche.

Abaissez à côté du nouveau reste la troisième; séparez le dernier chiffre, et divisez la partie à gauche par le double de la racine déjà trouvée; écrivez le quotient à côté de ce double, puis multipliez le nombre ainsi formé par le quotient, et retranchez le produit, du second reste suivi de la troisième tranche. Continuez ainsi cette série d'opérations jusqu'à ce que vous ayez abaissé toutes les tranches.

Si à la fin de toutes ces opérations vous n'obtenez aucun reste, le nombre proposé est un carré parfait.

Si vous obtenez un reste quelconque, le nombre n'est pas un carré parfait; mais vous avez la racine du plus grand carré contenu dans le nombre, ou, ce qui revient au même, la partie entière de la racine carrée de ce nombre.

Extraction de la racine carrée par approximation.

232. Quand un nombre n'est pas un carré parfait, on en cherche la racine par approximation en décimales.

Pour obtenir la racine carrée d'un nombre entier à $\frac{1}{10}$ près, il faut multiplier le nombre proposé par le carré de 10 ou par 100; pour l'obtenir à $\frac{1}{100}$ près, il faut le multiplier par le carré de 100 ou par 10000; pour l'obtenir à $\frac{1}{1000}$ près, il faut le multiplier par le carré de 1000 ou par 1000000, ou, ce qui revient au même, il faut écrire à la droite du nombre, deux, quatre, six zéros, puis extraire la racine du produit à une unité près, et diviser cette racine par 10, 100, 1000.

Donc pour obtenir un nombre déterminé de chiffres décimaux à la racine, *écrivez à la droite du nombre proposé deux fois autant de zéros que vous voulez avoir de chiffres décimaux ; extrayez la partie entière de la racine de ce nouveau nombre, et séparez vers la droite du résultat le nombre des chiffres décimaux demandés.*

Soit, pour exemple, à extraire la racine carrée de 7 à $\frac{1}{1000}$ près.

Après avoir écrit six zéros à la droite de 7, il vient 7000000, nombre dont la racine, extraite d'après la règle générale, a pour partie entière 2645. Donc 2,645 est la racine demandée ; ce qui veut dire que la racine carrée de 7 est comprise entre 2,645 et 2,646.

7.0 0.0 0.0 0	2645		
3 0.0			
2 7 6	46	524	5285
	6	4	5
2 4 0.0			
2 0 9 6	276	2096	26425
3 0 4 0.0			
2 6 4 2 5			
3 9 7 5			

FIN.

EXTRAIT DU CATALOGUE GÉNÉRAL

DE

MALLET-BACHELIER,

IMPRIMEUR-LIBRAIRE,

Quai des Augustins, 55.

Le Catalogue général est envoyé aux personnes qui en font la demande par lettre affranchie.

En envoyant à **M. Mallet-Bachelier** un mandat sur la Poste, les Ouvrages seront adressés *franco* dans toute la France.

ALLIX (J.-A.-F.), lieutenant général. — **Théorie de l'Univers**, ou de la **Cause** primitive du **Mouvement**, et de ses principaux effets. 2ᵉ édition; in-8, avec figures. 5 fr.

ANNALES DE L'OBSERVATOIRE IMPÉRIAL DE PARIS, publiées par M. *Le Verrier*. In-4; 1855, 1856, 1857, 1858, 1859, tomes I, II, III, IV, V. 135 fr.

Chaque volume se vend séparément. 27 fr.

Le 6ᵉ volume est *sous presse*.

ARAGO (F.), Secrétaire perpétuel de l'Académie des Sciences. — **Œuvres complètes**. 16 vol. in-8. 120 fr.

Chaque volume se vend séparément 7 fr. 50 c.

En vente :

Tomes I, II et III (**Notices biographiques**.)
Tomes I, II, III, IV, V (**Notices scientifiques**.)
Tomes I, II, III et IV (**Astronomie populaire**.)
Tome I et II (**Mémoires scientifiques**.)
Tome IX (**Voyages scientifiques**.)
Tome XII (**Mélanges**.)

ARAGO (F.), Secrétaire perpétuel de l'Académie des Sciences. — **Analyse de la Vie et des Travaux** de sir **William Herschel**. In-18. 2 fr.

"

BABINET, membre de l'Institut (Académie des Sciences).
— Études et Lectures sur les Sciences d'observation
et leurs applications pratiques. In-12, sur papier fin.
Chaque volume se vend séparément........ 2 fr, 50 c.

1er volume : *sur les Mouvements extraordinaires de la mer,
— les Comètes au XIXe siècle. — la Télégraphie électrique, — l'Astronomie en 1852 et 1853, — Astronomie descriptive, — la Perspective aérienne, — le Stéréoscope et
la vision binoculaire, — Voyage dans le ciel.*

2e volume : *les Tables tournantes et les manifestations pré-
tendues surnaturelles, — l'Électricité ouvrière, — la
Sibérie et les climats du Nord, — Influence des courants de la mer sur les climats, — sur les Tremblements de
terre et sur la constitution intérieure du globe, — Bulletin
de l'Astronomie et des Sciences pour 1853 et 1854, — de
l'Arrosement du globe, — des Tables tournantes au point de
vue de la Mécanique et de la Physiologie, — la Météorologie en 1854 et ses progrès futurs.*

3e volume : *du Diamant et des Pierres précieuses, — des
Phares et de la Lumière artificielle, — Physique du
globe, — Quillebœuf, — la Méditerranée, — de la Pluralité
des mondes.*

4e volume : *la Terre avant les époques géologiques, — de
la Constitution intérieure du globe terrestre et des Tremblements de terre, — de la Pluie et des Inondations, — l'Astronomie en 1855, — les Saisons sur la terre et dans les autres
planètes, — sur les Progrès récents de la Galvanoplastie,
— de l'Application des Mathématiques transcendantes,
— la Vie aux divers âges de la terre, — des Eaux minérales
et de la Chaleur centrale de la terre.*

5e volume : *sur la Sécheresse, les Irrigations et les Reboise-
ments. — (Séance des cinq Académies 1858). — XIX Articles
sur l'Astronomie et la Météorologie.*

6e volume : *de l'Aimant et du Magnétisme terrestre, — l'Océan
islandais, — Théorie physique des Vêtements, — XIII Articles sur l'Astronomie et la Météorologie.*

BABINET, de l'Institut, et **HOUSEL,** professeur de
Mathématiques. — **Calculs pratiques appliqués aux
Sciences d'observation.** In-8, avec 75 figures dans le
texte; 1857.   6 fr.

BACH, professeur au Lycée de Strasbourg. — **Calculs des Eclipses de Soleil par la méthode des projections.** In-8. 1860. 2 fr.

BARRESWIL et **DAVANNE.** — **Chimie Photographique,** contenant les éléments de Chimie expliqués par des exemples empruntés à la Photographie; les procédés de Photographie sur glace (collodion sec ou humide et albumine), sur papiers, sur plaques; la manière de préparer soi-même, d'essayer et d'employer tous les réactifs et d'utiliser les résidus, etc.; 2ᵉ édition, ornée de 31 figures dans le texte. In-8. 7 fr. 50 c.

BASSET (**N**), Chimiste. — **Précis de Chimie pratique, ou Eléments de Chimie vulgarisée,** renfermant les faits les plus incontestables de la Science chimique, les formules et les équivalents, les méthodes les plus rationnelles de préparation et d'analyse des corps les plus usuels, ainsi que les principales applications de la chimie aux arts et à l'industrie. In-18 avec fig. dans le texte. (*Sous presse.*)

BELANGER (**J.-B.**) — **Résumé de leçons de Géométrie analytique et de Calcul infinitésimal.** 2ᵉ édition, in-8, avec planches; 1859. 6 fr.

BELANGER (**J.-N.**), professeur à l'École impériale Polytechnique et à l'École centrale des Arts et Manufactures. — **Théorie de la résistance et de la flexion plane des solides dont les dimensions transversales sont petites relativement à leur longueur.** In-8, avec planches; 1858. 3 fr.

BENOIT (**P -M.-N.**), ingénieur civil, ancien élève de l'Ecole Polytechnique, l'un des cinq fondateurs de l'Ecole centrale des Arts et Manufactures. — **La Règle à Calcul expliquée, ou Guide du Calculateur à l'aide de la Règle** logarithmique à tiroir, dans lequel on indique le moyen de construire cet instrument, et l'on enseigne à y opérer toutes sortes de calculs numériques. Fort vol. in-12, avec pl. 5 fr.

La **Règle à Calcul** (*Instrument*) se vend séparément 6 fr.

BÉRON (**P.**). — **Origine des Sciences physiques et des Sciences métaphysiques et morales,** constatée suivant les lois physiques dans l'origine commune des fluides impondérables, de la pondérabilité, de la pesanteur, du mouvement et des trois états des corps. In-4, avec gravures dans le texte; 1858. 6 fr.

BÉRON (P.). — **Atlas météorologique,** représentant les faits terrestres et atmosphériques expliqués dans le texte. Ouvrage indispensable aux marins. Grand in-4 de 408 p. et 12 pl. in-folio coloriées; 1860.   16 fr.

La partie relative au **Magnétisme terrestre,** grand in-4 avec 3 planches coloriées, se vend séparément.   3 fr.

BERTHELOT, professeur de Chimie organique à l'Ecole de Pharmacie. — **Chimie organique fondée sur la synthèse.** 2 forts volumes in-8 (1520 pages), tirés sur grand raisin; 1860.   20 fr.

BEZOUT pur. — **Traité d'Arithmétique,** à l'usage de la Marine et de l'Artillerie. 21e édition; in-8; 1854.   1 fr. 25 c.

Le même, suivi des Tables de Poids et Mesures et des Tables de Logarithmes depuis **1** jusqu'à **10,000.**   2 fr. 50 c.

Les *Notes* seules.   2 fr. 50 c.

BEZOUT — **Cours de Géométrie,** contenant la **Géométrie,** la **Trigonométrie rectiligne** et la **Trigonométrie sphérique;** avec des Notes sur les **Eléments de Géométrie descriptive** et des **Problèmes.** Avec 22 planches.   7 fr. 50 c

— **Géométrie pure,** avec 7 planches.   3 fr. 50 c.
— Les *Notes,* avec 15 planches.   4 fr. 50 c.

BILLET, professeur de Physique à la Faculté des Sciences de Dijon. — **Traité d'Optique physique.** 2 forts vol. in-8 avec 14 pl. composées de 336 fig.; 1858.   15 fr.

BIOT, membre de l'Académie des Sciences et de l'Académie Française. — **Traité élémentaire d'Astronomie physique,** 3e édition, corrigée et augmentée. 5 volumes in-8 avec 94 planches; 1857.   65 fr.

BIOT. — **Tables barométriques portatives,** donnant les différences de niveau par une simple soustraction. In-8.   1 fr. 50 c.

BOILEAU (P.), professeur de Mécanique appliquée à l'Ecole impériale d'application de l'Artillerie et du Génie. — **Traité de la Mesure des Eaux courantes.** In-4, avec 7 planches.   20 fr.

BONNET (Ossian), répétiteur à l'Ecole Polytechnique. — **Leçons de Mécanique élémentaire,** à l'usage des Candidats à l'Ecole Polytechnique et à l'Ecole Normale supérieure. *Première partie* avec 135 figures intercalées dans le texte. In-8; 1858. 4 fr. 50 c.

BORGNIS. — Traité élémentaire de Construction appliquée à l'Architecture civile, contenant les principes qui doivent diriger, 1º le choix et la préparation des matériaux; 2º la configuration et les proportions des parties qui constituent les édifices en général; 3º l'exécution des plans déjà fixés; suivi de nombreuses applications puisées dans les plus célèbres monuments antiques et modernes, etc. 2ᵉ édition; in-4 d'environ 650 pages, et Atlas de 36 planches gravées par *Adam*; 1838. 25 fr.

BOUCHARLAT (J.-L.), professeur de Mathématiques transcendantes aux Écoles militaires. — **Théorie des Courbes et des Surfaces du second ordre, ou Traité complet d'application de l'Algèbre à la Géométrie.** 3ᵉ édition, revue, corrigée et augmentée de **Notes** et des **Principes de la Trigonométrie rectiligne.** In-8; avec planches; 1845. 8 fr.

BOUCHARLAT (J.-L.), ancien élève de l'École Polytechnique, professeur de Mathématiques transcendantes aux Écoles militaires. — **Éléments de calcul différentiel et de calcul intégral.** 7ᵉ édition, in-8, avec planches; 1858. 8 fr.

Dans cet ouvrage, qui s'étend inclusivement jusqu'aux équations différentielles partielles, on explique les principes de la différentiation, d'après les méthodes des limites, des infiniment petits, et de Lagrange. L'Auteur, par de nouvelles démonstrations, a rendu cette dernière très-facile, et rattaché ces trois méthodes à une seule théorie.

BOUCHARLAT. — **Remarques sur la partie élémentaire de l'Algèbre.** In-8. 1 fr.

BOUCHET (Jules), Chef des travaux graphiques à l'École Centrale. — **Exercices de Dessin linéaire et de Lavis** à l'usage des aspirants à l'École centrale des Arts et Manufactures. (*Recueil approuvé par le Conseil des Études.*) In-folio oblong. 6 fr.

BOUILLET. — **Dictionnaire universel d'Histoire et de Géographie,** suivi d'un Supplément. Grand in-8, broché. 21 fr.

Le cartonnage en percaline se paye en sus. 2 fr. 25 c.
La demi-reliure en chagrin. 4 fr.
Le **Supplément** seul, broché. 1 fr. 50 c.

BOUILLET. — **Dictionnaire universel des Sciences, des Lettres et des Arts.** Grand in-8, broché.   21 fr.

Le cartonnage en percaline se paye en sus.   2 fr. 25.
La demi-reliure en chagrin.   4 fr.

BOURDAIS (**Jules**), ingénieur, ancien élève de l'École centrale des Arts et Manufactures. — **Traité pratique de la Résistance des Matériaux appliquée à la construction des ponts, des bâtiments, des machines,** précédé de Notions sommaires d'Analyse et de Mécanique, suivi de Tables numériques donnant les moments d'inertie de plus de 500 sections de poutres différentes. In-8, avec planches.   6 fr.

BOURDON, ancien Examinateur d'admission à l'École Polytechnique. — **Éléments d'Arithmétique.** 31e édit., rédigée conformément aux nouveaux Programmes de l'enseignement dans les Lycées. In-8; 1860. (*Adopté par l'Université.*)   4 fr.

BOURDON. — **Application de l'Algèbre à la Géométrie,** comprenant la Géométrie analytique à deux et à trois dimensions. 5e édit., rédigée conformément aux nouveaux *Programmes* de l'enseignement dans les Lycées. In-8, avec planches; 1854. (*Adopté par l'Université.*)   7 fr. 50 c.

BOURDON — **Éléments d'Algèbre,** avec Notes signées *Prouhet.* 12e édit., in-8 ; 1860. (*Adopté par l'Université.*)   8 fr.

BOURDON. Trigonométrie rectiligne et sphérique, rédigée conformément aux nouveaux *Programmes* de l'enseignement dans les Lycées. In-8, avec figures dans le texte; 1854. (*Adopté par l'Université.*)   3 fr.

En préparant une cinquième édition de son *Application de l'Algèbre à la Géométrie,* M. Bourdon a cru devoir en détacher le second chapitre qui était consacré à la Trigonométrie. Ce chapitre forme le Traité que l'on donne aujourd'hui au public. En le réimprimant à part, on en a modifié quelques détails pour le mettre en harmonie avec les nouveaux *Programmes de l'Enseignement.* Le principal de ces changements consiste à introduire, dès le début, dans toutes les formules, les rapports des lignes trigonométriques au rayon; de plus, on a suivi partout, dans la Théorie comme dans les applications, la division sexagésimale de la circonférence.

Ainsi légèrement modifié, ce Traité contient tout ce qu'il faut de Trigonométrie pour la préparation aux diverses écoles du Gouvernement.

BOURGEOIS et **CABART**, anciens élèves de l'École Polytechnique. — **Leçons nouvelles sur les applications pratiques de la Géométrie et de la Trigonométrie.** 2º édition, revue et corrigée, entièrement conforme aux *Programmes officiels.* In-8 avec pl.; 1857.   3 fr. 50 c.

BOUSSINGAULT, membre de l'Institut. — **Agronomie, Chimie agricole et Physiologie**, tome Iᵉʳ, 2º édition; in-8 avec 2 planches; 1860.   5 fr.

Dans ce volume l'Auteur a réuni ce qui est relatif à l'action des principes les plus actifs des engrais sur le développement des plantes, au sol fertile considéré dans ses effets sur la végétation.

Dans les volumes suivants, il exposera ses recherches sur la terre végétale, sur le terreau, et donnera la description des procédés du dosage de l'ammoniaque et des nitrates, les observations concernant le bétail et la production du lait, etc. (Le tome II est *sous presse.*)

BRESSE, ingénieur des Ponts et Chaussées, professeur de Mécanique à l'Ecole des Ponts et Chaussées, répétiteur à l'Ecole Polytechnique. — **Cours de Mécanique appliquée,** professé à l'Ecole impériale des Ponts et Chaussées. 1ʳᵉ partie, **Résistance des matériaux et Stabilité des constructions.** 2º partie. **Hydraulique.** 2 vol. in-8, avec figures dans le texte; 1859 et 1860.   16 fr.

Chaque partie se vend séparément.   8 fr.

BRESSON. — **Traité élémentaire de Mécanique appliquée aux Sciences physiques et aux Arts.** — **Mécanique des corps solides.** In-4, et atlas de 18 planches doubles.   15 fr.

BRIOSCHI (**F.**), professeur de Mathématiques à l'Université de Pavie. — **Théorie des Déterminants et leurs principales applications;** traduit de l'italien par M. *E. Combescure,* professeur de Mathématiques. In-8; 1856.   5 fr.

BRIOT, professeur de Mathématiques au Lycée Louis-le-Grand, maître de conférences à l'Ecole Normale supérieure, et **BOUQUET**, professeur de Mathématiques spéciales au Lycée Louis-le-Grand, répétiteur à l'Ecole

Polytechnique. — **Théorie des fonctions doublement périodiques et en particulier des Fonctions elliptiques.** In-8, avec figures; 1859. 6 fr.

CAHOURS (Auguste), examinateur de sortie pour la Chimie à l'École impériale Polytechnique. — **Traité de Chimie générale élémentaire.** Leçons professées à l'École centrale des Arts et Manufactures. 2e édition. 3 vol. in-18 avec figures et planches; 1860. 12 fr.

Le tome I comprend l'étude des Métalloïdes et leurs composés principaux; le tome II est entièrement consacré à l'étude des Métaux; le tome III traite exclusivement des composés organiques.

CAILLET (V.), examinateur de la Marine. — **Tables de réfractions astronomiques;** précédées d'un Rapport fait au Bureau des Longitudes par M. *Largeteau,* membre de l'Institut et du Bureau des Longitudes. In-8. 2 fr.

CATALAN (E.), ancien élève de l'École Polytechnique.— **Manuel des Candidats à l'École Polytechnique.**

Tome Ier : Algèbre, Trigonométrie, Géométrie analytique à deux dimensions. In-18, avec 167 figures dans le texte; 1857. 5 fr.

Tome II : Géométrie analytique à trois dimensions, Mécanique. In-18, avec 139 figures dans le texte; 1858. 4 fr.

Chaque volume se vend séparément.

CAUCHY (Aug.). — **Résumés analytiques.** 5 num. in-4. Turin; 1833. Ouvrage complet. 6 fr.

CAUCHY (Aug.). — **Nouveaux exercices de Mathématiques.** In-4 de 8 cahiers. Prague; 1835 et 1836. 12 fr.

CHARPENTIER (F.-E.-A.), ancien officier supérieur. — **De la Pesanteur terrestre.** In-8; 1859. 3 fr. 50 c.

CHASLES, membre de l'Institut. — **Les trois livres de Porismes d'Euclide,** rétablis pour la première fois, d'après la Notice et les Lemmes de Pappus, et conformément au sentiment de R. Simson sur la forme des énoncés de ces propositions. In-8, avec 259 figures; 1860. (*Cet ouvrage n'a été tiré qu'à 500 ex.*) 10 fr.

CHEVREUL (M.-E.), membre de l'Institut — **De la Baguette divinatoire, du Pendule dit explorateur et des Tables tournantes,** au point de vue de l'Histoire, de la **Critique** et de la **Méthode expérimentale.** In-8. 3 fr.

CHOQUET, docteur ès Sciences et ancien répétiteur à l'Ecole d'Artillerie de la Flèche, professeur de Mathématiques. — **Traité d'Algèbre.** In-8; 1856. 7 fr. 50 c.

Cette édition contient le supplément à l'**Algèbre** de MM. **MAYER** et **CHOQUET.** (*L'Introduction de cet ouvrage dans les Ecoles publiques a été autorisée par décision du Ministre de l'Instruction publique et des Cultes.*)

CLOQUET (J.-B.), ex-professeur de dessin à l'École des Mines et à celle de la Brigade topographique au Dépôt des Fortifications. — **Nouveau Traité élémentaire de Perspective,** à l'usage des artistes et des personnes qui s'occupent du Dessin, précédé des premières notions de la Géométrie élémentaire, de la Géométrie descriptive, de l'Optique et de la Projection des Ombres. In-4, et atlas de 84 pl., grav. avec le plus grand soin, dont plusieurs coloriées ; 1823. 25 fr.

COMBEROUSSE (Charles de), ingénieur civil, Examinateur d'admission à l'Ecole centrale des Arts et Manufactures, répétiteur de Mécanique appliquée à la même Ecole, professeur de Mathématiques et de Mécanique au Collége Chaptal. — **Cours de Mathématiques,** à l'usage des Candidats à l'Ecole Centrale des Arts et Manufactures, pouvant servir également à tous les Elèves qui se destinent aux autres Ecoles du Gouvernement. 3 vol. in-8, avec fig. intercalées dans le texte.

Chaque volume se vend séparément.

Le Tome Ier, actuellement en vente, comprend l'Arithmétique et l'Algèbre élémentaire. 7 fr. 50 c.

Le Tome II contiendra : la Géométrie plane, — la Géométrie dans l'espace, — le Complément d'Algèbre et de Géométrie, — la Trigonométrie.

Le Tome III : la Géométrie descriptive. — la Géométrie analytique, — des Notions de Mécanique et de Physique.

COMBES (Ch.), ingénieur en chef des Mines. — **Traité de l'Exploitation des Mines.** 3 volumes in-8, avec atlas. 45 fr.

Cette édition est la contrefaçon faite en Belgique de l'édition française qui est épuisée et que l'auteur a autorisé M. Mallet-Bachelier à faire entrer en France.

COMBESCURE (E.). — Sur la Théorie analytique des formes homogènes. — Sur divers Problèmes particuliers relatifs au mouvement. In-4; Paris, 1858.
3 fr. 50 c.

COMMERCIUM EPISTOLICUM J. COLLINS ET ALIORUM DE ANALYSI PROMOTA, etc., ou **CORRESPONDANCE** de *J. Collins* et d'autres Savants célèbres du xviie siècle, relative à **L'ANALYSE SUPÉRIEURE :** réimprimée sur l'édition originale de 1712, avec l'indication des variantes de l'édition de 1722, complétée par une collection de pièces justificatives et documents, et publiée par M. *J.-B. Biot*, membre de l'Institut, et M. *F. Lefort*, ingénieur en chef des Ponts et Chaussées. In-4, avec figures intercalées dans le texte; 1856. (*Ouvrage honoré de la souscription du Ministre de l'Instruction publique et des Cultes.*)
15 fr.

CONNAISSANCE DES TEMPS ou **DES MOUVEMENTS CELESTES A L'USAGE DES ASTRONOMES ET DES NAVIGATEURS.**

Prix de chaque année sans Aditions.   5 fr. »
1849, avec Additions par M. Le Verrier.   10 fr. »
1850, avec Additions par M. Liouville.   7 fr. 50 c.
1851, avec Additions par M. Caillet.   7 fr. 50 c.
1853, avec Additions par M. A. Perrey.   7 fr. 50 c.
1854, avec Additions par M. Poinsot.   10 fr. »
1855, avec Additions par M. Poinsot.   7 fr. 50 c.
1856, avec Additions par M. Laugier.   7 fr. 50 c.
1857, avec Additions par M. Daussy.   6 fr. »
1858, avec Additions par M. Poinsot.   7 fr. 50 c.
1859, avec Additions par M. Liouville.   7 fr. 50 c.
1860, avec Additions par MM. Laugier et Liouville.   7 fr. 50 c.
1861, avec Additions par M. Delaunay.   7 fr. 50 c.
1862, avec Additions par M. Delaunay.   7 fr. 50 c.
(*Sous presse, année 1863*).

On peut se procurer la Collection complète, ou des années séparées de cet ouvrage, depuis 1760 jusqu'à ce jour.

CONSOLIN (B.), Maître Voilier entretenu de la Marine impériale et professeur du Cours de Voilerie à Brest. — **Manuel du Voilier,** revu et publié par ordre de S. Exc. M. l'Amiral *Hamelin*, Ministre de la Marine. Ouvrage approuvé pour l'instruction des Élèves de l'École Navale et pour celle des Voiliers des arsenaux. Grand in-8 sur jésus, de 528 pages et 11 planches; 1859.
12 fr.

COSTE et **PERDONNET**, ingénieurs des Mines. — Mémoires métallurgiques sur le traitement des Minerais de fer, d'étain et de plomb, dans la Grande-Bretagne; faisant suite au **Voyage** métallurgique de MM. *Dufrénoy* et *Élie de Beaumont*, ingénieurs des Mines. In-8, avec atlas. 9 fr.

COULVIER-GRAVIER. — Recherches sur les Météores et sur les lois qui les régissent. In-8, avec figures dans le texte et planches; 1859. 10 fr.

GROS (S.-Ch.). — Théorie de l'homme intellectuel et moral, 4e édition, augmentée de l'apologie en six discours adressés à l'Académie des Sciences morales et politiques. 2 vol. in-8; 1857. 12 fr.

DANGER et **FLANDIN.** — De l'Arsenic, suivi d'une Instruction propre à servir de guide aux experts dans les cas d'empoisonnement. In-8, avec planche et fig. gravées sur bois; 1845. 3 fr.

DARCY. — Recherches expérimentales relatives au mouvement des eaux dans les tuyaux. In-4 avec 12 grandes planches; 1857. 20 fr.

DAUSSY. — Table des positions géographiques des principaux lieux du globe. In-8; 1847. 1 fr. 50 c.

DAVID (E.), Capitaine au long cours. — Parties proportionnelles, calculées de seconde en seconde pour la déclinaison du Soleil, la déclinaison de la Lune, son ascension droite, son passage au méridien, sa distance vraie au Soleil ou à une planète, sa parallaxe équatoriale, l'équation du temps, la marche diurne du chronomètre à l'égard des heures et minutes approchées de Paris, le nombre entier de jours écoulés par cette marche diurne, la conversion réciproque du temps sidéral en temps moyen et la réduction d'un angle ou d'un arc, d'un demi-angle ou d'un demi-arc quelconque en degrés ou en temps; plus une Table pour faire le point. In-4 en tableaux; 1859. 5 fr.

Cet ouvrage, utile aux Candidats au grade de Capitaine au long cours et à tous les Navigateurs, est en quelque sorte un Barème appliqué aux calculs de la Navigation.

DELAISTRE (L.), professeur de Dessin général. — Cours complet de **Dessin** linéaire, gradué et progressif, contenant la Géométrie pratique, élémentaire et descriptive;

l'Arpentage, le Levé des Plans et le Nivellement; le Tracé des Cartes géographiques; des Notions sur l'Architecture; le Dessin industriel; la Perspective linéaire et aérienne; le Tracé des ombres et l'étude du Lavis; publié en quatre Parties, composées de 60 planches et texte in-4 oblong à 2 colonnes, tirées sur jésus.

Prix de l'ouvrage complet cartonné.   15 fr.

Ce Cours de Dessin est donné en prix par la Société d'Encouragement pour l'Industrie nationale, aux CONTRE-MAITRES des Etablissements industriels.

DELAMBRE, membre de l'Institut. — **Traité complet d'Astronomie théorique et pratique.** 3 vol. in-4, avec planches; 1814.   40 fr.

DELAMBRE. — **Histoire de l'Astronomie ancienne.** 2 vol. in-4, avec planches; 1817.   25 fr.

DELAMBRE. — **Histoire de l'Astronomie du moyen âge.** 1 vol. in-4, avec planches; 1819.   20 fr.

DELAMBRE. — **Histoire de l'Astronomie moderne.** 2 vol. in-4, avec planches; 1821.   30 fr.

DELAMBRE. — **Histoire de l'Astronomie au XVIII**e siècle; publiée par M. *Matthieu.* membre de l'Académie des Sciences et du Bureau des Longitudes. In-4, avec planches; 1827.   20 fr.

DELAMBRE. — **Tables écliptiques des Satellites de Jupiter,** d'après la théorie de Laplace et la totalité des observations faites depuis 1662 jusqu'à l'an 1802. In-4; 1817.   10 fr.

DELISLE, examinateur de la Marine, et **GERONO.** — **Éléments de Trigonométrie rectiligne et sphérique;** 5e édition revue et augmentée. In-8, avec planches; 1859.   3 fr. 50 c.

DELISLE (A.), examinateur pour l'admission à l'Ecole Navale, professeur émérite et officier de l'Université, et **GERONO,** professeur de Mathématiques. — **Géométrie analytique.** In-8, avec pl.   8 fr.

D'ÉTROYAT, constructeur. — **Tables de mâture.** In-4, avec planches; 1858.   8 fr.

D'ÉTROYAT (Ad.), constructeur. — **Traité élémentaire d'Architecture navale.** 3e partie, **Détails de construction.** In-4 et atlas in-folio de 5 pl.   10 fr.

D'ÉTROYAT (Ad.). — **De la Carène du Navire et de** l'Échelle de solidité. In-4, avec 5 planches; 1856. 4 fr.

D'ÉTROYAT (Ad.). —**Embarcations des Navires de** guerre et du commerce. Grand in-4 avec atlas in-folio de 15 planches; 1856. 10 fr.

DIDION (Is.), général de brigade, commandant d'artillerie dans la 5ᵉ division militaire. — **Traité de Balistique.** 2ᵉ édit., revue et augmentée. In-8, avec pl.; 1860. 10 fr.

DIEU (Th.), professeur à la Faculté des Sciences de Grenoble. — **Éléments d'Arithmétique,** rédigés suivant les nouveaux Programmes pour l'enseignement secondaire et l'enseignement primaire. In-8; 1852. 1 fr. 50 c.

DOUGLAS (général sir Howard). — **Traité d'Artillerie navale,** contenant un exposé succinct de la théorie du Pendule balistique et des Expériences de Hutton; les principes fondamentaux de l'Artillerie, appliqués particulièrement à l'Artillerie navale; l'Exercice des bouches à feu à bord des vaisseaux français; la Composition de la Poudre; la Théorie du Tir à la mer; les Tables de portées des canons et des caronades, et des Observations sur la tactique des combats singuliers; traduit de l'anglais avec des Notes par *M. Charpentier,* ancien élève de l'École Polytechnique, capitaine au corps de l'Artillerie de Marine, chevalier de l'ordre de la Légion d'honneur. In-8, avec 5 planches; 1826. 7 fr.

DUCHESNE (E.-A.), docteur en médecine, membre du Conseil d'Hygiène publique et de Salubrité, etc. — **Des Chemins de fer et de leur influence sur la santé des Mécaniciens et des Chauffeurs.** In-12; 1857. 3 fr. 50 c.

DUCOUEDIC. — **La Ruche pyramidale,** Méthode simple et naturelle pour rendre perpétuelles les peuplades d'Abeilles, et obtenir de chaque peuplade, à chaque automne, la récolte d'un panier plein de cire et de miel, sans mouches, sans couvains, outre plusieurs essaims, avec l'art de rétablir et d'utiliser, au retour de l'été, les ruches des essaims dont les peuplades auraient péri en automne, dans l'hiver ou au printemps, en faisant éclore les œufs restés dans les alvéoles; et l'art de convertir le miel en sucre blanc inodore, de faire l'hydromel, des sirops, etc. 2ᵉ édition, considérablement augmentée, et ornée d'une gravure. In-8. 3 fr.

DUFRÉNOY, **ÉLIE DE BEAUMONT**, **LÉON COSTE** et **PERDONNET**, Ingénieurs des Mines. — Voyage métallurgique en Angleterre, ou Recueil de Mémoires sur le gisement, l'exploitation et le traitement des minerais de fer, étain, plomb, cuivre, zinc, dans la Grande-Bretagne. 2e édition, corrigée et considérablement augmentée; 2 forts vol. in-8, avec un atlas ensemble de 39 gr. pl., compris deux cartes géologiques de l'Angleterre, coloriées.   40 fr.

DUHAMEL, membre de l'Institut. — **Cours de Mécanique**. 2e édit.; 2 vol. in-8, avec planches; 1854.   12 fr.

DUHAMEL. — **Éléments de Calcul infinitésimal**. 2e éd.; 2 vol. in-8, pl.; 1860.   12 fr.

DUMAS, membre de l'Institut. — **Traité de Chimie appliquée aux arts**. 8 vol. in-8, et atlas; édition française.   125 fr.
— Edition belge.   70 fr.

DU MONCEL (Th.). — **Exposé des applications de l'électricité**. 3 vol. in-8, avec planches; 1857.   26 fr.

DU MONCEL. — **Notice sur l'appareil d'induction électrique de Ruhmkorff**, suivie d'un **Mémoire sur les courants induits**. 4e édit., in-8, avec fig.; 1859.   7 fr.

DU MONCEL (Th.). — **Étude des lois des courants électriques au point de vue des applications électriques**. In-8, avec figures; 1860.   4 fr.

DUPERREY (L.-J.), membre de l'Académie des Sciences. — **Réduction des Observations de l'Intensité du Magnétisme terrestre** faites par M. *de Freycinet* et ses Collaborateurs durant le cours du voyage de la Corvette *l'Uranie*. In-4.   1 fr. 50 c.

DUPIN (Ch.), membre de l'Institut. — **Développements de Géométrie**, avec des applications à la stabilité des vaisseaux, aux déblais et remblais, au défilement, à l'optique, etc., pour faire suite à la *Géométrie descriptive* et à la *Géométrie analytique* de **Monge**. 1 vol. in-4, avec pl.   15 fr.

DUPIN (Ch.). — **Applications de Géométrie et de Mécanique à la Marine, aux Ponts et Chaussées**, etc., pour faire suite aux *Développements de Géométrie*. 1 vol. in-4, avec 17 planches; 1822.   10 fr.

ÉBELMEN, ingénieur en chef au Corps impérial des Mines, professeur de Docimacie à l'École des Mines de Paris, administrateur de la Manufacture impériale de Porcelaine de Sèvres. — **Recueil de Travaux scientifiques**, revu et corrigé par M. *Salvétat*, chimiste à la Manufacture impériale de Sèvres, précédé d'une Notice sur M. *Ebelmen*, par M. *Chevreul*, membre de l'Institut. 1re partie, **Chimie**. — 2e partie, **Céramique**. — 3e partie, **Géologie**. — 4e partie, **Métallurgie**. 2 forts vol. in-8, avec 54 gravures dans le texte. 1855.   15 fr.

ENDRÈS (E.), ancien élève de l'École Polytechnique, ingénieur des Ponts et Chaussées. — **Manuel du Conducteur des Ponts et Chaussées**, d'après le dernier *Programme officiel des examens*. Ouvrage indispensable aux Conducteurs et Employés secondaires des Ponts et Chaussées et des Compagnies de Chemins de fer, aux Agents voyers et à tous les Candidats à ces emplois. 3e édition, 2 vol. in-8, avec 577 figures dans le texte et 4 planches d'instruments dessinés et gravés d'après les meilleurs modèles; 1860.   13 fr.

ENDRÈS (E.), ancien élève de l'École Polytechnique, ingénieur des Ponts et Chaussées. — **Vade-Mecum administratif de l'Entrepreneur des Ponts et Chaussées**, ou **Recueil** raisonné des documents relatifs à l'adjudication, à l'exécution et au règlement des travaux, avec l'exposé détaillé de la procédure et de la jurisprudence des Conseils de Préfecture et du Conseil d'État. Ouvrage utile à toutes les personnes chargées de projeter, diriger ou exécuter des travaux à l'Entreprise. In-12; 1859.   3 fr. 50 c.

EUCLIDE. — **OEuvres en grec, latin et français**, d'après un manuscrit très-ancien, qui était resté inconnu jusqu'à nos jours; par *Peyrard*, traducteur des OEuvres d'Archimède, ouvrage approuvé par l'Académie des Sciences. 3 vol. in-4; 1814, 1817 et 1818.   30 fr.

EULER. — **Introduction à l'Analyse infinitésimale**; trad. du latin par *Labey*, suivie de Notes et éclaircissements. 2 vol. in-4 (au lieu de 25 fr., prix primitif). 20 fr.

EVANS (O). — **Manuel de l'Ingénieur Mécanicien** constructeur de machines à vapeur; trad. de l'anglais, par *Doolittle*, 3e éd.; in-8, 7 pl.   5 fr.
Nous n'avions en France aucune idée du travail impor-

tant d'Olivier Evans : M. Doolittle a rendu le plus grand service à notre industrie par la traduction qu'il a faite de cet ouvrage. C'est le jugement qu'en ont porté tous ceux qui ont pris connaissance de ce Manuel. Il fait connaître le parti que son ingénieux auteur a su tirer de la vapeur en construisant des machines à haute pression qui ne présentent aucun danger. C'est un ouvrage indispensable aux constructeurs de ces machines. Il est enrichi 1° de Tables originales qu'on ne trouve point ailleurs ; 2° de Notes très-précieuses du traducteur ; 3° de 7 planches très-bien gravées, par *Adam*.

FATON (le **P.**), de la Compagnie de Jésus. — **Traité d'Arithmétique théorique et pratique**, en rapport avec les nouveaux *Programmes* d'enseignement, terminé par une petite Table de Logarithmes disposée comme les Tables de Callet. Chaque théorie est suivie d'un choix d'Exercices gradués de calcul et d'un grand nombre de Problèmes. 2ᵉ édition, revue et corrigée. In-12 ; 1854. (*L'introduction de cet ouvrage dans les Ecoles publiques a été autorisée par décision du Ministre de l'Instruction publique et des Cultes*).   2 fr. 75 c.

FLANDIN (**Ch.**), docteur en médecine de la Faculté de Paris. — **Traité des Poisons, ou Toxicologie** appliquée à la **Médecine** légale, à la **Physiologie** et à la **Thérapeutique.** 3 vol. in-8, avec planches ; 1853.   21 fr.
Les tomes II et III se vendent séparément.   14 fr.

FRANCK DE PRÉAUMONT, essayeur du commerce, ancien élève de l'Ecole des Mines. — **Manuel pratique d'essais par la voie sèche**, à l'usage des essayeurs. In-12, avec planche.   2 fr. 50 c.

FRANCŒUR (**L.-B.**). — **Uranographie, ou Traité élémentaire d'Astronomie**, à l'usage des personnes peu versées dans les Mathématiques, des Géographes, des Marins, des Ingénieurs, accompagnée de Planisphères. 6ᵉ édition, revue, corrigée et augmentée d'une **Notice** sur la **Vie et les Ouvrages de l'Auteur**, par M. *Francœur* fils, professeur de Mathématiques spéciales au Collége Chaptal et à l'Ecole des Beaux-Arts. (Dédiée à M. *F. Arago.*) 1 vol. in-8, avec planches ; 1853.   10 fr.

FRANCŒUR (**L.-B.**). — **Cours complet de Mathématiques pures,** ouvrage destiné aux Elèves des Ecoles

Normale et Polytechnique, et aux candidats qui se préparent à y être admis. 4ᵉ édition; 2 vol. in-8, avec pl.; 1837.   12 fr.

FRANCOEUR (L.-B.).—Traité de Géodésie, comprenant la Topographie, l'Arpentage, le Nivellement, la Géomorphie terrestre et astronomique, la Construction des Cartes, la Navigation; augmenté de **Notes sur la mesure des bases,** par M. *Hossard*, lieutenant-colonel aux Ingénieurs-géographes, professeur d'Astronomie à l'Ecole Polytechnique. 3ᵉ édition, revue et corrigée par M. *Francœur* fils, professeur de Mathématiques à l'Ecole des Beaux-Arts. In-8, avec planches; 1855.   10 fr.

FREYCINET (Charles de), ingénieur au corps impérial des Mines.— **Traité de Mécanique rationnelle,** comprenant la Statique comme cas particulier de la Mécanique, avec figures dans le texte. 2 vol. in-8; 1858.   14 fr.

FREYCINET (Charles de). — **De l'Analyse infinitésimale, Étude sur la métaphysique du haut calcul.** In-8; avec fig.; 1860.   6 fr.

Dans cet ouvrage les conceptions fondamentales sont présentées au point de vue philosophique. L'analyse est divisée en deux parties, le *calcul* proprement dit et la *méthode.* Cette seconde partie comporte d'assez grands développements, destinés à mettre en lumière le rôle du calcul dans les questions infinitésimales et à rendre compte de ce qui assure la rigueur des résultats à travers l'apparente inexactitude des procédés.

FURIET, ingénieur des Mines.—**Éléments de Mécanique,** exposés suivant le *Programme* de M. le Ministre de l'Instruction publique et des Cultes du 30 août 1852, pour le Baccalauréat ès Sciences, à l'usage des Candidats aux Ecoles spéciales, des Elèves des Ecoles professionnelles, des Ingénieurs, Conducteurs, et de toutes les personnes qui désirent s'initier aux principes de la Mécanique pratique. In-8, avec 140 figures dans le texte; 1856.   6 fr.

GARNIER (F.), ingénieur au corps des Mines, ancien élève de l'Ecole Polytechnique.— **Traité sur les Puits artésiens.** 2ᵉ édit., revue et augmentée, avec 25 planc.; in-4.   15 fr.

GAUGAIN (J.-M.). — **Théorie mathématique des courants électriques;** traduit de l'allemand de *G.-S. Ohm,* augmentée de Préface et Notes. In-8, avec figures dans le texte; 1860.   5 fr.

GAUSS. — **Recherches** générales sur les **Surfaces courbes**. Traduit du latin par M. *A.*, ancien élève de l'Ecole Polytechnique. In-8; 1852.   2 fr.

GAUSS (Ch.-Fr.) — **Méthode des moindres carrés**. Mémoires sur la combinaison des observations. Traduits en français et avec l'autorisation de l'auteur, par M. *J. Bertrand*, membre de l'Institut. In-8; 1855.   4 fr.

GAY-LUSSAC et **POUILLET,** membres de l'Institut. — **Instruction sur les Paratonnerres,** adoptée par l'Académie des Sciences. In-8, avec figures dans le texte et 2 planches; 1855.   1 fr.

GERONO. — **Statique** appliquée à l'équilibre des principales machines employées sur les vaisseaux. In-8.   5 fr.

GERONO et **ROGUET**. — **Programme détaillé d'un Cours d'Arithmétique, d'Algèbre** et de **Géométrie analytique,** comprenant les connaissances exigées pour l'admission aux Ecoles du Gouvernement, suivi de Notes et des Enoncés d'un grand nombre de problèmes. (La Note IV est intitulée : **Sur la théorie des polynômes homogènes du second degré,** d'après M. *Hermite.*) 4e édit. entièrement refondue. In-8; 1856.   3 fr. 50 c.

GIFFARD (H.). — **Notice** théorique et pratique de l'Injecteur automoteur, breveté, propre à l'alimentation des chaudières à vapeur et à l'élévation de l'eau. In-4, avec pl.; 1860.   3 fr. 50 c.

GINOT-DESROIS (Mlle) — **Planisphère mobile,** au moyen duquel on peut apprendre l'Astronomie seul et sans le secours des Mathématiques. 7e édition; 1847, sur carton.   4 fr.

GOSSART (A.). — **Sténarithmie** ou **Abréviation des Calculs,** Complément indispensable de toutes les Arithmétiques. Cet ouvrage est entièrement composé de méthodes nouvelles qui simplifient les opérations de l'Arithmétique, d'observations très-curieuses sur les nombres, les compléments, les puissances et les racines de tous les degrés; il donne le moyen d'obtenir ces dernières par de simples divisions, et renferme, relativement au calcul mental, des préceptes fort étendus au moyen desquels on peut résoudre une foule de problèmes sans le secours de la plume. In-12; 2e édition; 1853.   1 fr.

GOULART-HENRIONNET, attaché à l'administration centrale des eaux et forêts. — **Guide du Géomètre pour les opérations d'Arpentage et le rapport des plans,** suivi d'un **Traité de Topographie et de Nivellement.** Ouvrage particulièrement utile aux Agents forestiers chargés de ces opérations, aux Contrôleurs des contributions directes, aux Conducteurs des Ponts et Chaussées et aux Agents voyers, contenant toutes les méthodes pratiques propres à faciliter l'application sur le terrain et au cabinet des principes théoriques constituant l'art de l'Arpenteur. In-8, avec 24 pl. dont deux coloriées. 12 fr.

GOURNERIE (de la). — **Traité de Géométrie descriptive.** In-4, publié en *deux Parties* avec Atlas de plus de 100 planches; 1860. 20 fr.

Chaque *Partie* se vend séparément. 10 fr.

La première Partie, actuellement en vente, contient quatre chapitres qui sont consacrés, 1° à la ligne droite et au plan; 2° au cône, au cylindre et aux surfaces de révolution; 3° aux projections cotées; 4° aux perspectives axonométrique, monodymétrique, isométrique et cavalière. Les deux premiers livres contiennent tout ce qui est exigé pour l'admission à l'Ecole Polytechnique.

La deuxième Partie contiendra les tracés relatifs à la détermination des ombres, la théorie de la courbure des surfaces dans ses parties utiles aux arts graphiques et les constructions qui concernent les surfaces réglées, hélicoïdales et topographiques.

GOURNERIE (de la), ingénieur en chef des Ponts et Chaussées, professeur de Géométrie descriptive à l'Ecole Polytechnique et au Conservatoire des Arts et Métiers. — **Traité de Perspective linéaire,** contenant les tracés pour les tableaux, plans et courbes, les bas-reliefs et les décorations théâtrales, avec une théorie des effets de perspective. Cet ouvrage est conforme au cours de perspective, qui fait partie de l'enseignement de la géométrie descriptive au Conservatoire impérial des Arts et Métiers et a été honoré de la souscription de *S. Ex. M. le Ministre de l'Agriculture, du Commerce et des Travaux publics.* In-4, avec atlas de 45 planches in-folio dont 8 doubles; 1859. 40 fr.

GUENYVEAU. — **Nouveaux Procédés pour fabriquer la Fonte et le Fer en barres,** avec des considérations sur la substitution, dans les hauts fourneaux à fer, des combustibles dans leur état naturel à ces mêmes combustibles carbonisés; sur l'application de la vapeur d'eau à la combustion avec flammes de l'anthracite, etc.; enfin sur l'emploi de cette même vapeur d'eau à haute température dans le traitement des minerais de cuivre pyriteux au fourneau à réverbère, et aussi pour le raffinage du cuivre, etc. In-8, avec pl.; 1835. 3 fr. 50 c.

GUIONNEAU DE PAMBOUR. — **Théorie des Machines à vapeur.** In-4, et atlas de 23 pl. 50 fr.

GUIONNEAU DE PAMBOUR. — **Calcul de la Force des machines à vapeur** pour la navigation ou l'industrie et pour l'achat des machines. In-8. 2 fr. 50 c.

GUIOT. — **Éléments de Perspective linéaire,** comprenant la théorie et les procédés pratiques de cette science. 2e édition, in-8, avec atlas in-folio oblong de 37 planches; 1847. 10 fr.

HATON DE LA GOUPILLIÈRE, ingénieur des Mines, professeur à l'École des Mines. — **Éléments du calcul infinitésimal.** In-8, avec fig. dans le texte; 1860. 6 fr.

HANSEN, directeur de l'Observatoire de Gotha. — **Mémoire sur la détermination des Perturbations absolues dans les ellipses** d'une excentricité et d'une inclinaison quelconques. Traduit de l'allemand par M. *Victor Mauvais,* membre de l'Académie des Sciences. Grand in 8; 1845. 5 fr.

HANSEN, directeur de l'Observatoire de Seeberg. — **Mémoire sur le Calcul des Perturbations** qu'éprouvent les Comètes. In-4; 1857. 10 fr.

HARANT (H.), licencié ès Sciences, et **LAFFITE (P),** professeur de Mathématiques. — **Leçons de Cosmographie,** *rédigées d'après les Programmes arrêtés par la Commission chargée des attributions du Conseil de perfectionnement et approuvées par le Ministre de la Guerre.* In-8, avec pl.; 1853. 3 fr. 50 c.

HEEGMANN. — **Théorie de la réfraction astronomique.** In-8; 1856. 1 fr. 50 c.

HIRN (Gustave-Adolphe), ingénieur civil. — **Recherches sur l'Équivalent mécanique de la chaleur,** présentées à la Société de Physique de Berlin. In-8, avec planches et tableaux; 1858. 8 fr.

HOUEL, docteur ès sciences, ancien élève de l'Ecole Normale. —**Tables de Logarithmes à cinq décimales**, pour les nombres et les lignes trigonométriques, suivies des Logarithmes d'addition et de soustraction ou Logarithmes de Gauss et de diverses Tables usuelles. In-8; 1858. (*L'introduction de cet ouvrage dans les Ecoles publiques est autorisée par décision du Ministre de l'Instruction publique et des Cultes en date du 21 août 1859.*) 2 fr.

IMBARD. — De la **Mesure du Temps**, et **Description** de la Méridienne verticale portative du Temps vrai et du Temps moyen pour régler les pendules et les montres, etc. 2e édition. In-18, avec planches, 1857. 1 fr.

INSTITUT DE FRANCE.

COMPTES RENDUS HEBDOMADAIRES DES SÉANCES DE L'ACADÉMIE DES SCIENCES, publiés conformément à une décison de l'Académie, en date du 13 juillet 1835, par MM. *Arago, Flourens, Elie de Beaumont,* Secrétaires perpétuels.

Ces **Comptes rendus** paraissent régulièrement tous les dimanches, en un cahier de 30 à 40 pages, quelquefois de 80 à 120. Ils forment à la fin de l'année, *deux volumes* in-4, ensemble de 2400 à 3000 pages. Deux tables, l'une par ordre alphabétique de matières, l'autre par ordre alphabétique de noms d'auteurs, terminent chaque volume.

Prix de *l'abonnement franco :*

Pour Paris 20 fr. || Pour les départements. 30 fr.

La collection complète, de 1835 à 1860, forme 51 volumes in-4. 507 fr. 50 c.

Chaque année se vend séparément. 20 fr.

TABLE GÉNÉRALE DES COMPTES RENDUS DES SÉANCES DE L'ACADÉMIE DES SCIENCES, publiés par MM. les Secrétaires perpétuels, conformément à une décision de l'Académie. Cette Table, par ordre de matières et par ordre alphabétique de noms d'auteurs, comprend les années 1835 à 1850. Fort vol. in-4 à deux colonnes. 20 fr.

SUPPLÉMENT AUX COMPTES RENDUS DES SÉANCES DE L'ACADÉMIE DES SCIENCES, Tome 1er, contenant : 1o Mémoire sur quelques points

de la **Physiologie des Algues**; par MM. *Derbès* et *Solier*:
2° **Mémoires sur le Calcul des Perturbations** qu'é-
prouvent les **Comètes**; par M. *Hansen*. **3° Mémoire sur
le Pancréas**; par M. *Cl. Bernard*. In-4 avec planches;
1856.   25 fr.

JAMIN (M.-J.), ancien élève de l'Ecole Normale, pro-
fesseur de Physique à l'Ecole Polytechnique. — **COURS
DE PHYSIQUE DE L'ÉCOLE POLYTECHNI-
QUE.**

Le Cours complet formera 3 vol. in-8 avec figures intercalées dans le texte, et planches sur acier.

Le 1er *volume*, contenant 568 pages, avec 270 figures intercalées dans le texte, une planche sur acier, *se vend séparément*.   12 fr.

Ce Ier volume, dont *l'Introduction dans les Écoles publiques est autorisée par décision du Ministre de l'Instruction
publique et des Cultes en date du 22 août 1859*, renferme la
matière de l'enseignement des Lycées : les développements
y sont étendus, mais élémentaires, et l'on n'y a fait usage
que des connaissances mathématiques possédées par les
candidats; il contient l'étude des propriétés générales des
Solides, des Liquides et des Gaz, l'Electricité statique et
le Magnétisme.

Les deux autres volumes répondent chacun aux deux
années de l'Ecole Polytechnique :

L'un, qui est le deuxième de l'ouvrage, comprendra la
CHALEUR et l'**ACOUSTIQUE** (544 pages, 191 figures
intercalées dans le texte, et 3 planches dont 2 sur acier.

L'autre, qui est le troisième, renfermera la THÉORIE
DES PILES, la RHEOMETRIE, les PROPRIÉTÉS DES
COURANTS; puis l'ETUDE GEOMETRIQUE ET
THEORIQUE DE LA LUMIERE.

Prix des volumes 2 et 3 (ENSEMBLE).   20 fr.

Le 2e volume a paru. — Le 3e volume est sous presse.

JONQUIÈRES (E. de), lieutenant de vaisseau. — **Mélanges
de Géométrie pure**, comprenant diverses applications
des théories exposées dans le **Traité de Géométrie supérieure** de M. *Chasles*, au mouvement infiniment petit
d'un corps solide libre dans l'espace, aux sections coniques,
aux courbes du troisième ordre, etc., et la traduction du
Traité de *Maclaurin* sur les **Courbes du troisième ordre**.
In-8, avec planches; 1856.   5 fr.

JONQUIÈRES (de), capitaine de frégate. — Essai sur la génération des **Courbes** géométriques, et en particulier sur celle de la courbe de quatrième ordre. In-4°; 1858.   4 fr.

JOURNAL DE MATHÉMATIQUES PURES ET APPLIQUÉES, ou **R**ecueil mensuel de **M**émoires sur les diverses parties des **Mathématiques**, publié par *J. Liouville*, membre de l'Institut et du Bureau des Longitudes.

1re **Série**, 20 volumes in-4°, années 1836 à 1855, au lieu de 600 francs, 400 francs, payables de la manière suivante : 100 fr. comptant, et les 300 fr. restants en trois bons de 100 fr. de six mois en six mois à l'ordre de M. Mallet-Bachelier, à partir de l'époque de la livraison des 20 volumes.

Chaque volume pris séparément, au lieu de 30 fr. 25 fr.

La 2e Série, commencée en 1856, continue de paraître chaque mois par cahier de 32 à 48 pages.

Prix de l'abonnement, par année, pour Paris. 30 fr.
Pour les Départements.   35 fr.
Pour l'Étranger.   45 fr.

JOURNAL DE MATHÉMATIQUES PURES ET APPLIQUÉES; par M. *Liouville,* membre de l'Académie des Sciences. — **T**able générale des **20** volumes composant la 1re **Série**. In-4,   3 fr. 50 c.

JULIEN (Stanislas), membre de l'Institut. — **H**istoire et **F**abrication de la **Porcelaine** chinoise. Ouvrage traduit du chinois, accompagné de Notes et Additions par M. *Alphonse Salvétat*, chimiste à la Manufacture impériale de Porcelaine de Sèvres, et augmenté d'un **Mé**moire sur la **Porcelaine du Japon**, traduit du japonais, par M. le docteur *Hoffmann*. (*Dédié à Monsieur le Ministre de l'Instruction publique.*) Beau volume imprimé sur grand raisin fin glacé, avec 14 planches, figures gravées sur bois, et une carte de la Chine indiquant l'emplacement des manufactures de porcelaine anciennes et modernes. Grand in-8; 1856.   12 fr.

JULLIEN (le **P.**), de la Compagnie de Jésus. — **Pro**blèmes de **Mécanique** rationnelle disposés pour servir d'applications aux principes enseignés dans les Cours. Cet ouvrage renferme les questions nouvellement introduites dans le Programme de la Licence et de nombreuses applications pratiques. 2 vol. in-8, fig. dans le texte; 1855. 12 fr.

JURGENSEN. — **Principes de l'exacte mesure du Temps par les horloges**; ou Résumé des principes de construction des horloges pour la plus exacte mesure du temps, etc. ; 2ᵉ édition. In-4, et atlas de 17 pl. gravées par *Le Blanc*.   20 fr.

JURGENSEN. — **Mémoires sur l'horlogerie exacte,** contenant : 1º Remarques sur l'Horlogerie exacte, et proposition d'un échappement libre (à double roue); 2º Description de l'échappement libre (à double roue); de l'Isochronisme des vibrations du pendule, etc., etc. Paris, 1832; in-4, avec 5 planches.   6 fr.

LACROIX (S.-F.). — **Éléments de Géométrie.** (1ʳᵉ Partie, *Géométrie plane.* CLASSE DE TROISIÈME. — 2ᵉ Partie. *Géométrie dans l'espace.* CLASSE DE SECONDE. — 3º Partie. *Complément de Géométrie.* CLASSE DE MATHÉMATIQUES SPECIALES. — 4ᵉ Partie. *Notions sur les courbes usuelles.* CLASSE DE RHÉTORIQUE. 17º édit. ; conforme aux *Programmes officiels* de l'enseignement dans les Lycées; revue et corrigée par M. *Prouhet,* professeur de Mathématiques. In-8, avec 220 figures dans le texte ; 1855.   4 fr.

LACROIX. — **Éléments d'Algèbre,** à l'usage des candidats aux Écoles du Gouvernement, 21º édit., revue, corrigée et annotée conformément aux *nouveaux Programmes* de l'enseignement dans les Lycées, par M. *Prouhet,* professeur de Mathématiques, 1854.   6 fr.

LACROIX. — **Introduction à la connaissance de la Sphère.** In-18; avec planches ; 1852.   1 fr. 25 c.

LAGRANGE. — **Théorie des Fonctions analytiques.** 3º édit., revue par M. *Serret;* in-4; 1847.   18 fr.

LAGRANGE. — **Mécanique analytique.** 3º édition, revue, corrigée et annotée par M. *J. Bertrand.* 2 vol. in-4; 1855.   40 fr.

LALANDE. — **Tables de Logarithmes pour les Nombres et les Sinus à CINQ DÉCIMALES**; revues par le baron *Reynaud.* Nouvelle édition augmentée de *Formules pour la Résolution des Triangles,* par M. *Bailleul,* directeur de l'imprimerie Mallet-Bachelier. In-18; 1860. (*L'Introduction de cet Ouvrage dans les Écoles publiques a été autorisée par décision du Ministre de l'Instruction publique et des Cultes.*)   2 fr.

LALANDE. — **Tables de Logarithmes**, étendues à **SEPT DÉCIMALES**, par *F.-C.-M. Marie*, précédées d'une Instruction dans laquelle on fait connaître les limites des erreurs qui peuvent résulter de l'emploi des Logarithmes des nombres et des lignes trigonométriques ; par le baron *Reynaud.* Nouvelle édition augmentée de *Formules pour la Résolution des Triangles*, par M. *Bailleul*, directeur de l'imprimerie de Mallet-Bachelier. In-12 ; 1859.
3 fr. 50 c.

LAMÉ (G.), membre de l'Institut. — **Leçons** sur les fonctions inverses des transcendantes et les Surfaces isothermes. In-8 avec figures dans le texte ; 1857. 5 fr.

LAMÉ (G.). — **Leçons** sur les Coordonnées curvilignes et leurs diverses applications. In-8, avec figures dans le texte ; 1859. 5 fr.

LAMÉ, membre de l'Institut. — **Leçons** sur la **Théorie** mathématique de l'élasticité des corps solides. In-8, avec planches ; 1852. 5 fr.

LAPLACE. — **Exposition du Système du Monde,** 6ᵉ édition, précédée de l'Éloge de l'auteur par M. le baron *Fourier.* In-4, papier fin, avec portrait ; 1835. 15 fr.

LAPLACE. — **Essai philosophique sur les Probabilités.** 6ᵉ édition, in-8 ; 1840. 5 fr.

LAUR. — **Traité de Géodésie pratique simplifiée.** 2 vol. in-8, avec 15 pl.; 1855. 10 fr.

C'est le seul ouvrage géodésique qui traite à fond l'Expertise des terres et le Drainage d'après les meilleurs systèmes connus.

LAURENT (Auguste), membre correspondant de l'Institut. — **Méthode de Chimie,** précédée d'un *Avis au Lecteur*, par M. *J.-B. Biot*, membre de l'Institut. In-8, avec figures dans le texte ; 1854. 8 fr.

LE COINTE (le Père I.-L.-A.), de la Compagnie de Jésus, professeur au collège Sainte-Marie à Toulouse. — **Leçons sur la Théorie des fonctions circulaires et la Trigonométrie,** ouvrage destiné à la préparation aux Écoles du Gouvernement et spécialement de l'École Polytechnique. In-8, avec figures ; 1858. 6 fr.

LEFÈVRE. — **Abrégé du nouveau traité de l'Arpentage, ou Guide pratique et mémoratif de l'Arpenteur,** particulièrement destiné aux personnes qui n'ont point étudié la Géométrie, contenant toutes les méthodes nécessaires pour l'Arpentage, le Levé des plans, l'Aménagement des bois, le Nivellement, le Toisé; suivi d'un nouveau mode d'observer les angles d'une triangulation, etc. Gros vol. in-12; avec 18 pl., dont une coloriée.   7 fr.

LEGENDRE. — Théorie des Fonctions elliptiques. 3 vol. in-4.   80 fr.

LEPAUTE.— Traité d'Horlogerie, contenant tout ce qui est nécessaire pour bien connaître et pour régler les pendules et les montres, la description des pièces d'horlogerie les plus utiles, etc. In-4, avec 17 pl.   15 fr.

LEROY. — Traité de Géométrie descriptive. 5e édition, revue et annotée par M. *Martelet*, Professeur à l'Ecole centrale des Arts et Manufactures. In-4, avec atlas de 71 planches; 1859.   16 fr.

LEROY (C.-F.-A.), ancien professeur à l'Ecole Polytechnique et à l'Ecole Normale supérieure. — **Traité de Stéréotomie**, comprenant les **Applications de la Géométrie** descriptive à la **Théorie des Ombres**, la **Perspective** linéaire, la **Gnomonique**, la **Coupe des Pierres** et la **Charpente**. 2me édition revue et annotée par M. *E. Martelet*, ancien élève de l'Ecole Polytechnique, professeur de Géométrie descriptive à l'Ecole centrale des Arts et Manufactures. In-4, avec atlas de 74 planches in-folio; 1857.   26 fr.

LEROY. — Analyse appliquée à la Géométrie des trois dimensions. 4e édition, revue et corrigée; in-8, avec planches; 1854.   5 fr.

LESCALLIER. — Traité pratique du Gréement des vaisseaux et autres bâtiments de mer. 2 vol. In-4, dont un de planches et tableaux des dimensions et proportions.   15 fr.

LESCALLIER. — Vocabulaire de Termes de Marine anglais-français. 3 vol. in-4, avec planches, grand papier.   25 fr.

LE VERRIER (U.-J.). — Théorie du mouvement de Mercure. Grand in-8; 1845.   5 fr.

LE VERRIER (U.-J.). — Mémoire sur les variations séculaires des éléments des orbites pour les sept planètes principales : **Mercure, Vénus, la Terre, Mars,**

Jupiter, Saturne et Uranus. Grand in-8, avec pl.;
1843.   3 fr. 50 c.

LE VERRIER (U.-J.). — Recherches sur les mouvements de la planète Herschel. Grand in-8; 1846.   5 fr.

LHUILLIER et PETIT. — Dictionnaire des termes
de Marine, français et espagnols. In-8; 1810.   5 fr.

LIONNET (E.), agrégé de l'Université, professeur de Mathématiques pures et appliquées au Lycée Louis-le-
Grand, examinateur suppléant d'admission à l'Ecole
Navale. — Éléments d'Arithmétique, 3ᵉ édition, rédigée
conformément au *Programme officiel des Lycées*. In-8, avec
figures dans le texte; 1857. (*Autorisé par l'Université.*)
                                                         4 fr.

LIONNET (E.) — Algèbre élémentaire, à l'usage des
Candidats au Baccalauréat ès Sciences et aux Ecoles du
Gouvernement, et rédigée conformément aux Programmes
officiels des Lycées. 2ᵉ édition, augmentée de la **Partie**
exigée pour l'admission à l'Ecole centrale des **Arts** et
Manufactures. In-8; 1858.   4 fr.

MABRU. — Les **Magnétiseurs** jugés par eux-mêmes.
Nouvelle enquête sur le **Magnétisme** animal, ouvrage
dédié aux classes lettrées, aux médecins, à la magistra-
ture et au clergé. Grand in-8; 1858.   6 fr.

MAHISTRE. — Cours de **Mécanique** appliquée. In-8,
avec 211 figures intercalées dans le texte; 1858.   8 fr.

MANNHEIN (A.), lieutenant d'artillerie. — **Trans-**
formation des propriétés métriques des figures à l'aide
de la **Théorie** des polaires réciproques. In-8, avec figures
dans le texte; 1857.   2 fr. 50 c.

MARIE, professeur de Mathématiques et de Topographie.
— **Principes** du **Dessin** et du **Lavis** de la **Carte** topographique, présentés d'une manière élémentaire et méthodique, avec tous les développements nécessaires aux
personnes qui n'ont pas l'habitude du Dessin; accompa-
gnés de 9 modèles, dont 8 sont coloriés avec soin, 1 vol.
in-4 oblong; 1825.   15 fr.

MARIELLE (C.-P.), Chef d'Escadron honoraire, ancien
Trésorier, Garde des Archives et Secrétaire des Conseils
de l'Ecole. — **Répertoire** de l'**École** impériale **Poly-**
technique ou **Renseignements** sur les **Élèves** qui ont fait
partie de l'**Institution** depuis l'époque de sa création en
1794, avec indication de leur position connue, jus-

qu'en **1855** inclusivement, avec plusieurs tableaux et résumés statistiques. (*Publié avec l'autorisation de S. Exc. le Ministre de la Guerre et dédié aux Élèves de l'École.*) Volume in-8 en tableaux; 1855.   5 fr.

MATTEUCCI, professeur à l'Université de Pise. — **Cours d'électro-physiologie**, professé à l'Université de Pise en 1856. In-8, avec planches; 1858.   4 fr.

MATTEUCCI (**C.**), professeur de Physique à l'Université de Pise. — **Cours spécial sur l'Induction, le Magnétisme de rotation, le Diamagnétisme, et sur les relations entre la force magnétique et les actions moléculaires.** In-8, avec planches; 1854.   5 fr.

MEISSAS (**N.**), ancien ingénieur du chemin de fer de Paris à Cherbourg. — **Tables pour servir aux Etudes et à l'exécution des chemins de fer, ainsi que dans tous les travaux où l'on fait usage du Cercle et de la Mesure des angles.** Ouvrage honoré de la Souscription du Ministre des Travaux publics. In-12; 1860.   8 fr.

   Cartonné.   9 fr.

MOLLET (**J.**), professeur de Physique et de Géométrie pratique. — **Gnomonique graphique, ou Méthode simple et facile pour tracer les Cadrans solaires sur toutes sortes de Plans** en ne faisant usage que de la règle et du compas; suivie de la **Gnomonique analytique.** 5° édition; in-8, avec planches; 1853.   3 fr. 50 c.

MONGE. — **Géométrie descriptive.** In-4; 1847.   12 fr.

MONGE. — **Application de l'Analyse à la Géométrie.** *Cinquième édition*, revue, corrigée et annotée par M. *J. Liouville*, membre de l'Académie des Sciences et du Bureau des Longitudes. In-4, sur carré superfin des Vosges, avec le portrait de **Monge** et 5 pl.; 1850. (*Edition de luxe.*)   36 fr.

NOUVELLES ANNALES DE MATHÉMATIQUES, Journal des Candidats aux Écoles Polytechnique et Normale, rédigé par M. *Terquem*, officier de l'Université, docteur ès Sciences, et M. *Gerono*, professeur de Mathématiques. 18 vol. in-8; 1842 à 1859 inclusivement.   145 fr.

   Les tomes VIII à XIV se vendent séparément.   8 fr.
   Les tomes XV à XVIII se vendent séparément.   10 fr.
   Les tomes VIII à XVIII, ensemble.   88 fr.

En faisant *à la fois* la demande des tomes VIII à XVIII ils seront expédiés *franco* dans toute la France.

Le tome XX, année 1861, paraît le 1er de chaque mois par livraison de 3 et 4 feuilles.

> Prix de l'abonnement, par année, pour Paris. 12 fr.
> Pour les Départements. 14 fr.
> Pour l'Étranger. 16 fr.

Depuis le tome XIV, les **Nouvelles Annales** sont augmentées d'un **Bulletin de Bibliographie**, d'**Histoire** et de **Biographie** mathématiques par M. *Terquem.*

NOURY. — **Tarifs d'après le Système Métrique décimal pour cuber les bois carrés et en grume ou ronds, et tous les corps solides quelconques, ainsi que les colis ou ballots, caisses, etc., à l'usage des Propriétaires et des Marchands de bois.** (Ouvrage utile en général aux Agents forestiers, aux Architectes, aux Entrepreneurs, etc.), ainsi qu'aux Armateurs et Capitaines de navires, etc. In-8. (*Approuvé par les Ministres de l'Intérieur et de la Marine.*) 4 fr.

OGER (**F.**), professeur d'Histoire et de Géographie. — **Géographie physique, militaire, historique, politique, administrative et statistique de la France,** *rédigée conformément au Programme officiel,* à l'usage des Candidats à l'École militaire de Saint-Cyr. 2e édition, revue, corrigée et augmentée de la **Géographie industrielle et commerciale**; volume in-8, avec ATLAS de 17 Cartes in-plano; 1860. 16 fr.

Extrait du Moniteur universel *du 27 Octobre* 1860.

« Pour épigraphe de sa *Géographie de la France,* M. Oger a pris le jugement louangeur qu'en faisait Strabon il y a dix-huit siècles. Dès ce temps, le célèbre géographe d'Amasée admirait l'heureuse conformation, l'espèce de disposition providentielle de notre pays. M. Oger en fait une excellente description au début de son ouvrage; cette première partie, qui nous donne la Géographie physique de la France, mérite d'attirer l'intérêt non-seulement des jeunes étudiants, mais du public tout entier. Comme l'auteur destine particulièrement son Traité aux Candidats à l'École de Saint-Cyr, la Géographie militaire se rattache naturellement à la Géographie physique. Nos officiers étudieront avec fruit cette seconde partie. La troisième est l'histoire clairement résumée de toutes les modifications territoriales qui ont fait de l'ancienne Gaule la France moderne. La Géographie administrative et statistique est nettement démontrée dans le quatrième et le cinquième livre. Le Traité est bien complet, comme on le voit; il est méthodique. Tout se suit et s'enchaîne dans un ordre logique et lumineux.

» Ce que M. Oger a fait pour la France même, il l'a fait aussi pour les colonies : sa *seconde édition* s'est agrandie pour comprendre nos nouvelles provinces, dont l'étude n'est pas le chapitre le moins intéressant de ce remarquable ouvrage. Enfin, des Cartes y sont annexées, où rien n'est oublié de ce qu'il faut montrer aux yeux.

» Nous félicitons sincèrement, ceci n'est pas une value formule, et l'auteur et ses lecteurs.

» ÉMILE RENAUT. »

OLIVIER (Théodore), professeur de Géométrie descriptive au Conservatoire des Arts et Métiers. — **Théorie géométrique des Engrenages** destinés à transmettre le mouvement de rotation entre deux axes situés ou non situés dans un même plan. In-4, avec pl.; 1842.   8 fr.

PERDONNET (Auguste), ancien élève de l'École Polytechnique, professeur à l'École centrale des Arts et Manufactures, administrateur des chemins de fer de l'est Français, et de l'ouest Suisse, etc. **Traité élémentaire des chemins de fer.** 2 beaux volumes in-8, illustrés de vues pittoresques gravées dans le texte et d'un très-grand nombre de figures sur bois intercalées dans le texte. 2° édition, 1858 et 1860.   30 fr.

PEYRARD. — **OEuvres d'Euclide**, en grec, en latin et en français, d'après un manuscrit très-ancien, resté inconnu jusqu'à nos jours. 3 vol. in-4.   30 fr.

PICARTE (R.), membre de la Faculté des Sciences physiques et mathématiques de l'Université du Chili. — **La Division réduite à une Addition.** Ouvrage approuvé par l'Académie des Sciences de Paris, Institut de France, augmenté d'une Table des Logarithmes des nombres à neuf décimales exactes renfermées en deux pages et d'une nouvelle Méthode pour calculer avec une grande facilité les Tables de Logarithmes, de Division, et plusieurs autres. Grand in-4; 1860.   13 fr.
Cartonné en demi-chagrin.   15 fr.

PIDDINGTON (Henry), président de la Cour de Marine à Calcutta.— **Guide du Marin sur la loi des Tempêtes**, ou Exposition pratique de la Théorie et de la loi des Tempêtes et de ses usages, pour les marins de toute classe, dans toutes les parties du monde ; et explication de cette théorie au moyen de roses d'ouragan transparentes et d'utiles leçons. 2e édition, avec additions, traduite de l'anglais par M. *F.-J.-T. Chardonneau*, lieutenant de vaisseau. In-8, avec 6 planches ; 1859.   10 fr.

PIRMEZ (**L.**). — **Essai sur la queue des Comètes.** 2e édition, 1860. In-8, avec deux planches.   1 fr. 50 c.

POINSOT. — **Éléments de Statique.** 9e édition ; 1848.   6 fr. 5o c.

POINSOT. — **Théorie nouvelle de la Rotation des corps.** In-4 avec planches ; 1851.   10 fr.
   Le même Ouvrage, in-8.   6 fr.

POINSOT. — **Recherches sur l'Analyse des sections angulaires.** In-4 ; 1825.   10 fr.

POINSOT. — **Théorie nouvelle de la Rotation des Corps.** In-8 ; 1834.   1 fr. 5o c.

POINSOT. — **Théorie des Cônes circulaires roulants.** In-4, avec planche ; 1853.   3 fr.
   Le même Ouvrage, in-8.   1 fr. 5o c.

POINSOT. — **Réflexions sur les principes fondamentaux de la Théorie des Nombres**, etc. In-4 ; 1845. 6 fr.

POINSOT. — **Questions dynamiques. Sur la percussion des Corps.** In-4 ; 1857.   4 fr.

POINSOT. — **Précession des équinoxes.** In-8 ; 1857. 3 fr.

POINSOT. — **Note sur la théorie des polyèdres.** In-8 ; 1858.   1 fr. 5o c.

POISSON (**S.-D.**), membre de l'Institut. — **Traité de Mécanique.** 2e édit., considérablement augmentée ; 2 forts vol. in-8 ; 1833.   18 fr.

PONCELET, membre de l'Institut. — **Rapport historique sur les machines et outils employés dans les Manufactures.** 2 vol. in-8 de plus de 5oo pages chacun (tirage à part revu par l'auteur).   3o fr.

   Cet ouvrage de bibliothèque a été écrit à l'occasion de l'exposition universelle de 1851 ; il contient de nombreux et intéressants documents sur l'invention et le perfectionnement des machines. La librairie Mallet-Bachelier n'a pu se procurer que quelques rares exemplaires du tirage à part de cet ouvrage, qui n'a pas été mis dans le commerce.

PONCELET, membre de l'Institut. — **Traité de Mécanique appliquée aux machines** (édition Belge introduite en France avec l'autorisation de l'auteur). 2 vol. in-8.   25 fr.

PONTÉCOULANT (G. de) ancien élève de l'École Polytechnique, colonel au corps d'État-major. — **Théorie analytique du système du Monde.** 2e édit. considérablement augmentée, tomes I et II, in-8; 1856.   18 fr.

Cette nouvelle édition des tomes I et II dans laquelle se trouvent les Suppléments des livres II et V, forment un Traité complet d'Astronomie théorique, et peut être considérée comme une Introduction à la *Mécanique céleste de Laplace*, et un Complément à la *Mécanique de Poisson*.

On vend séparément :

Les tomes III et IV (1re édition).   33 fr.
Le tome IV (1re édition).   18 fr.
Suppléments aux livres II et V (1re édit.)   2 fr. 50 c.
Supplément au livre VII (1860).   2 fr. 50 c.
L'ouvrage complet, 4 volumes.   50 fr.

PUISSANT. — **Traité de Géodésie**, ou Exposition des Méthodes trigonométriques et astronomiques, applicables soit à la mesure de la Terre, soit à la confection du canevas des cartes et des plans topographiques. 3e éd.; 2 vol. in-4, avec 13 pl.; 1842.   40 fr.

REECH (F.), ingénieur de la Marine, directeur de l'École spéciale d'application du Génie maritime. — **Théorie générale des effets dynamiques de la chaleur.** In-4 avec planches.   10 fr.

REECH. — **Machine à Air d'un nouveau système**, déduit d'une comparaison raisonnée des systèmes de MM. *Ericsson* et *Lemoine*. In-4, avec planches.   6 fr.

REECH. — **Théorie de l'injecteur automoteur des chaudières à vapeur** de *M. H. Giffard*. In-4, avec planches; 1860.   3 fr.

REGNAULT (J.-J.). — **Manuel des Aspirants au grade d'Ingénieur des Ponts et Chaussées.** — **Guide du Conducteur des Ponts et Chaussées**, de l'Agent voyer, du Garde du Génie et de l'Artillerie, rédigé d'après le nouveau *Programme officiel*.

Ouvrage divisé en 2 Parties. — Chaque partie se vend séparément :

PARTIE THÉORIQUE, contenant : l'Algèbre, la Géométrie analytique, la Géométrie descriptive, la Coupe des Pierres, la Charpente, la Physique, la Chimie, des Notions de Géologie, la Mécanique des corps solides et l'Hydraulique. 2 volumes in-8, avec 44 planches. 12 fr.

PARTIE PRATIQUE, contenant : les Cours de Routes, Cours de Chemins de fer, Cours de Ponts, la Navigation intérieure, des Notions sur les Desséchements et les Irrigations, les Ports maritimes ; des Notions d'Architecture et l'Exécution des travaux, etc. 2 vol in-8, avec 50 pl. 12 fr.

REGNAULT (J.-J.). — **Traité de Géométrie pratique et d'Arpentage** comprenant les **Opérations graphiques** et de nombreuses **Applications aux Travaux** de toute nature à l'usage des Écoles professionnelles, des Écoles normales primaires, des employés des Ponts et Chaussées, des Agents-Voyers, etc. 2ᵉ édition, revue et augmentée. In-8, avec 14 pl. ; 1860. 5 fr.

REYNAUD (le baron), examinateur pour l'admission à l'École Polytechnique, à la Marine, à l'École militaire de Saint-Cyr et à l'École Forestière. — **Traité d'Arithmétique**, à l'usage des Élèves qui se destinent à ces Écoles. In-8 ; 26ᵉ édition, revue, corrigée et annotée par M. *Gerono*, professeur de Mathématiques ; 1855. (*Adopté par l'Université.*) 4 fr.

ROUCHÉ (Eugène), ancien élève de l'École Polytechnique, professeur au Lycée Charlemagne. — **Éléments d'Algèbre**, à l'usage des Candidats au Baccalauréat ès Sciences et aux Écoles spéciales. (*Rédigés conformément aux Programmes de l'enseignement scientifique dans les Lycées.*) In-8, avec figures dans le texte ; 1857. 4 fr.

SAINT-LOUP et BACH, professeurs de Mathématiques. — **Traité des Surfaces du second ordre et développements de Géométrie analytique à trois dimensions**, à l'usage des candidats aux Ecoles Polytechnique et Normale. In-8 ; 1859.   3 fr.

SAINTE-CLAIRE DEVILLE (**H.**), maître de conférences à l'Ecole Normale, etc. — **De l'Aluminium. Ses propriétés, sa fabrication et ses applications.** In-8, avec planches; 1859.   3 fr. 50 c.

SALVÉTAT (**A.**), chef des travaux chimiques à la manufacture impériale de Sèvres. — **Leçons de Céramique,** professées à l'Ecole Centrale des Arts et Manufactures, ou **Technologie Céramique,** comprenant les **Notions de Chimie, de Technologie et de Pyrotechnie applicables à la fabrication, à la synthèse, à l'analyse, à la décoration des poteries.** 2 vol. in-18, avec 479 figures dans le texte.   12 fr.

SENARMONT (de). — **Traité de Cristallographie,** traduit de l'anglais de *Miller.* In-8, avec 12 planches. 5 fr.

SERRET (**Paul**). — **Théorie nouvelle géométrique et mécanique des lignes à double courbure.** In-8 de 300 p. avec 67 fig. dans le texte; 1860.   8 fr.

Cet ouvrage, destiné aux élèves des Ecoles Polytechnique et Normale et aux candidats à la Licence, n'exige du lecteur que les notions élémentaires de Géométrie infinitésimale.

SERRET (**J.-A.**), examinateur d'admission à l'École impériale Polytechnique. — **Éléments d'Arithmétique,** à l'usage des candidats au baccalauréat ès Sciences, à l'Ecole spéciale militaire de Saint-Cyr, à l'Ecole Forestière et à l'Ecole Navale. 2e édition, revue et augmentée de la Table des logarithmes des nombres de 1 à 10,000, calculés avec cinq décimales. Rédigés conformément au *Programme de l'enseignement scientifique des Lycées.* In-8; 1857. *(L'Introduction de cet ouvrage dans les Ecoles publiques est autorisée par décision du Ministre de l'Instruction publique et des Cultes en date du 22 août 1859.)*   4 fr.

SERRET (**J.-A.**), examinateur d'admission à l'École Polytechnique. — **Cours d'Algèbre supérieure,** professé à la Faculté des Sciences de Paris. 2e édition, revue et augmentée; in-8, avec planche; 1854.   10 fr.

SERRET (**J.-A.**), examinateur d'admission à l'École impériale Polytechnique. — Traité de **Trigonométrie**. 2ᵉ édition, revue et augmentée. In-8 avec planches, 1857. 4 fr.

STURM, membre de l'Institut. — **Cours d'Analyse** de l'École **Polytechnique** 2 vol. in-8 avec figures dans le texte; 1857-1859. 12 fr.

TESTELIN (Aug.). — **Essai de Théorie** sur la formation des images photographiques rapportée à une cause électrique. Les figures roriques, les figures magnétiques, la thermographie, etc. In-8; Gand, 1860. 5 fr.

THIERRY fils, graveur éditeur du *Vignole de Poche*. — **Méthode graphique et géométrique,** ou le **Dessin linéaire** appliqué aux arts en général, et en particulier à la Projection des Ombres, à la pratique de la Coupe des Pierres, à la perspective linéaire et aux cinq ordres d'Architecture; ouvrage utile à tous les Artistes et Ouvriers employés à la construction et à la décoration des édifices; aux Maçons, Tailleurs de pierres, Marbriers, Charpentiers, Serruriers, Menuisiers, Peintres-Décorateurs, et généralement à tous ceux qui exercent des arts mécaniques et industriels; 2ᵉ édition, revue et corrigée par M. *C.-F.-M. Marie*, professeur de Mathématiques et d. Topographie. Grand in-8 oblong, avec 50 planches; 1846. 8 fr 50 c.

Il serait aujourd'hui superflu d'insister sur l'utilité du dessin dans toutes les professions qui se rattachent aux arts mécaniques et industriels : indépendamment des artistes et des praticiens auxquels l'auteur a eu particulièrement envie d'être utile, cet Ouvrage peut être encore placé avec fruit entre les mains des jeunes gens au sortir de leurs classes, pour développer en eux le goût des Mathématiques, dont l'étude fait aujourd'hui la base de l'instruction dans divers services publics.

THIOUT aîné, maître horloger à Paris. — **Traité d'Horlogerie** mécanique et pratique, approuvé par l'Académie des Sciences. 2 vol. in-4, avec 91 planches. 25 fr.

THOREL (**J.-B.-A.**), géomètre de 1ʳᵉ classe du Cadastre. — **Arpentage et Géodésie pratiques**. Ouvrage à l'aide duquel on peut apprendre le Système métrique, l'Arpentage, la Division des terres, la Trigonométrie rectiligne, le Levé des Plans et la Gnomonique. 2ᵉ tirage. In-4, avec planches; 1853. 　　　　　　　　　　　4 fr.

TREDGOLD, Ingénieur Civil. — Traité des Machines à vapeur et de leur Application à la **Navigation**, aux **Mines**, aux **Manufactures**. In-4 et atlas de 25 planches. 　　　　　　　　　　　25 fr.

VINCENT, membre de l'Institut et **SAIGEY**. — Géométrie élémentaire, refaite sur la première édition publiée en 1826, et rédigée suivant les principes du nouveau *Programme* des études. In-12, avec planches; 1855. 　　　　　　　　　　　2 fr. 50 c.

VIOLEINE (A. P.), ancien chef de bureau au Ministère des Finances. — **Tables pour faciliter les Calculs des Probabilités sur la vie humaine**, tels que rentes viagères, assurances, etc., d'après les lois de mortalité de *Déparcieux*, de *Duvillard*, et d'une moyenne entre ces lois; suivi d'un appendice qui fait voir que l'annuité nécessaire au remboursement des emprunts faits en actions ou obligations et par tirage au sort, peut être traité comme les probabilités sur la vie. In-4; 1859. 　　　　10 fr.

VIOLEINE (A.-P.), chef de bureau au Ministère des Finances. — **Nouvelles Tables pour les calculs d'Intérêts simples et composés, d'Amortissement, d'Annuités de primes**, etc. In-4; 1854. 　　　　　　　15 fr.

YVON VILLARCEAU, astronome à l'Observatoire impérial de Paris. — **Sur l'Établissement des Arches de Pont**, envisagé au point de vue de la plus grande stabilité, et **Tables pour faciliter les applications numériques**. In-4, avec figures dans le texte, et 2 pl.; 1854 . . . . 12 fr.

WITH (E.), ingénieur civil. — **Les Accidents sur les Chemins de Fer, leurs Causes, les Règles à suivre pour les éviter**, augmenté d'une **Préface**, par M. *Auguste Perdonnet*, ancien Élève de l'École Polytechnique, l'un des Administrateurs, Membre du Comité de direction des chemins de fer de l'Est. In-12; 1854. 　　2 fr.

Paris. — Imprimerie de MALLET-BACHELIER,
rue de Seine-Saint-Germain, 10, près l'Institut.